鄔錫非　注譯

新譯 李衛公問對

三民書局　印行

刊印古籍今注新譯叢書緣起

劉振強

人類歷史發展，每至偏執一端，往而不返的關頭，總有一股新興的反本運動繼起，要求回顧過往的源頭，從中汲取新生的創造力量。孔子所謂的述而不作，溫故知新，以及西方文藝復興所強調的再生精神，都體現了創造源頭這股日新不竭的力量。古典之所以重要，古籍之所以不可不讀，正在這層尋本與啟示的意義上。處於現代世界而倡言讀古書，並不是迷信傳統，更不是故步自封；而是當我們愈懂得聆聽來自根源的聲音，我們就愈懂得如何向歷史追問，也就愈能夠清醒正對當世的苦厄。要擴大心量，冥契古今心靈，會通宇宙精神，不能不由學會讀古書這一層根本的工夫做起。

基於這樣的想法，本局自草創以來，即懷著注譯傳統重要典籍的理想，由第一部的四書做起，希望藉由文字障礙的掃除，幫助有心的讀者，打開禁錮於古老話語中的豐沛寶藏。我們工作的原則是「兼取諸家，直注明解」。一方面熔鑄眾說，擇善而從；一方面也力求明白可喻，達到學術普及化的要求。叢書自陸續出刊以來，頗受各界的喜愛，使我們得到很大的鼓勵，也有信心繼續推廣這項工作。隨著海峽兩岸的交流，我們注譯的成員，也由臺灣各大學的教授，擴及大陸各有專長的學者。陣容的充實，使我們有更多的資源，整理更多樣化的古籍。兼採經、史、子、集四部的要典，重拾對通才器識的重視，將是我們進一步工作的目標。

古籍的注譯，固然是一件繁難的工作，但其實也只是整個工作的開端而已，最後的完成與意義的賦予，全賴讀者的閱讀與自得自證。我們期望這項工作能有助於為世界文化的未來匯流，注入一股源頭活水；也希望各界博雅君子不吝指正，讓我們的步伐能夠更堅穩地走下去。

新譯李衛公問對 目次

附錄

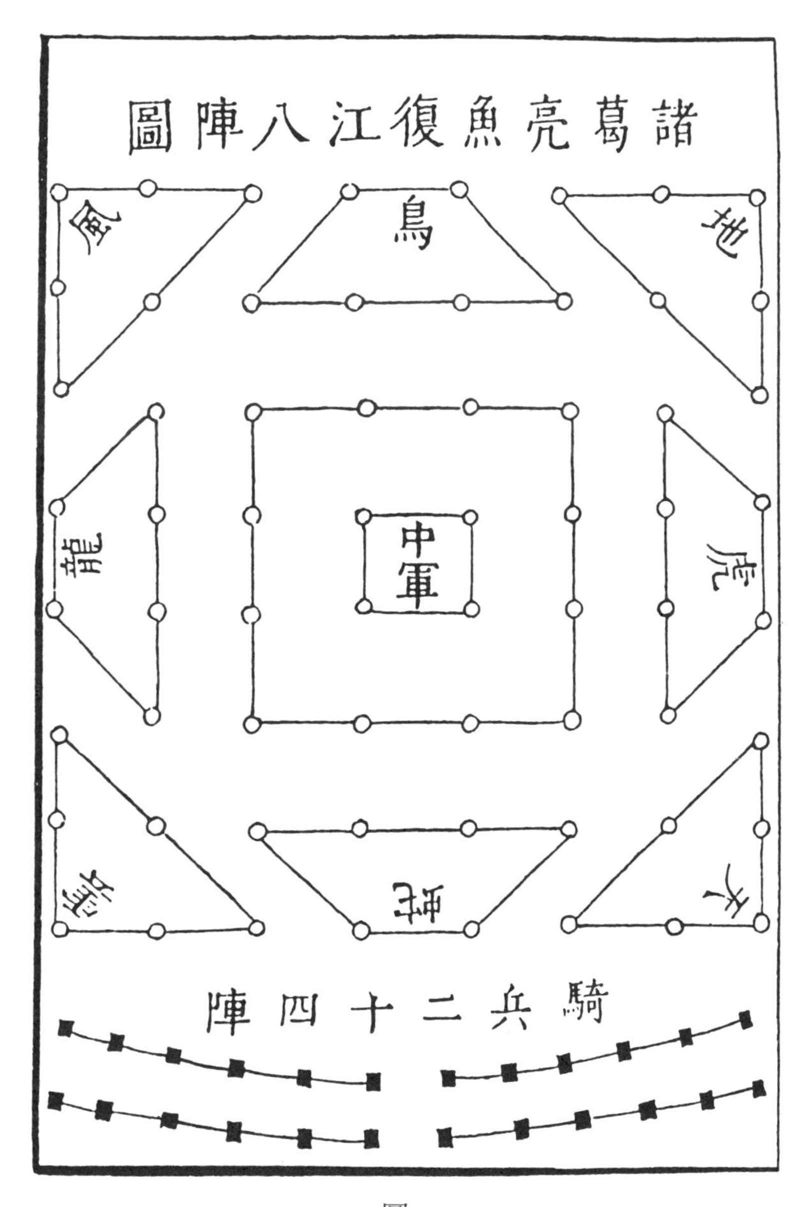

圖一

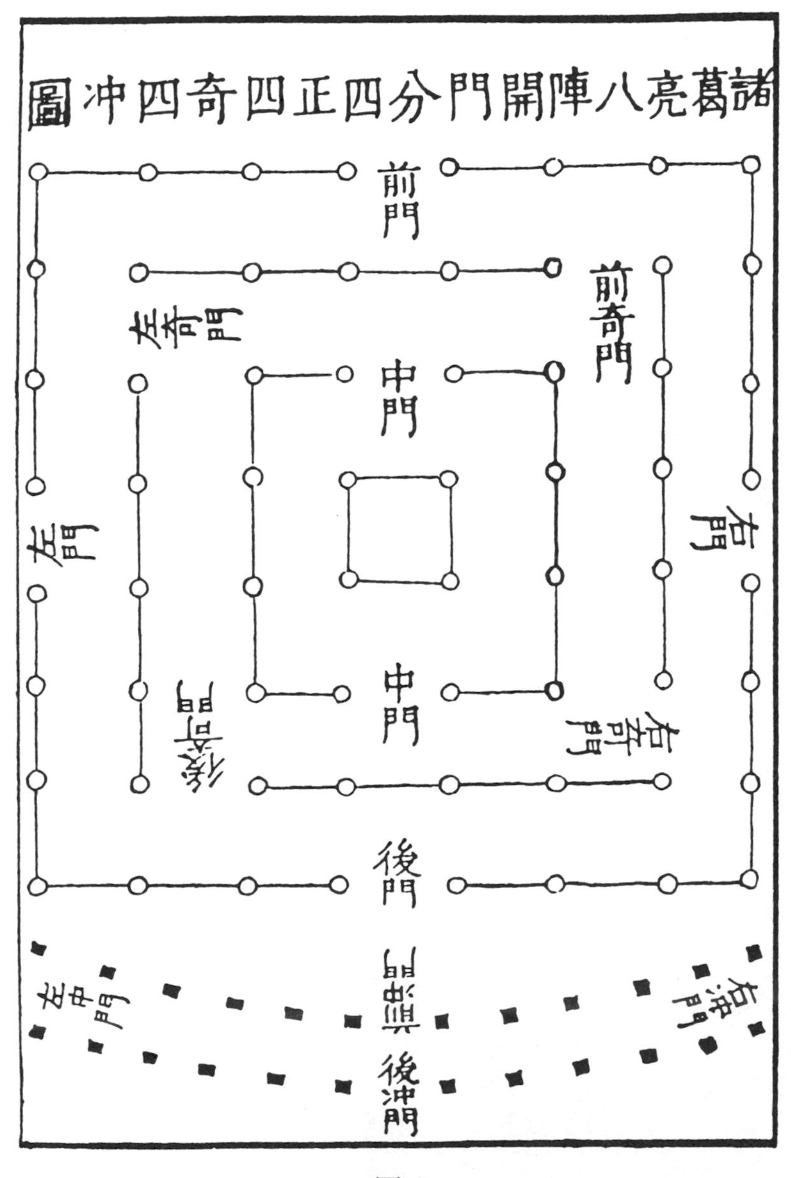

圖二

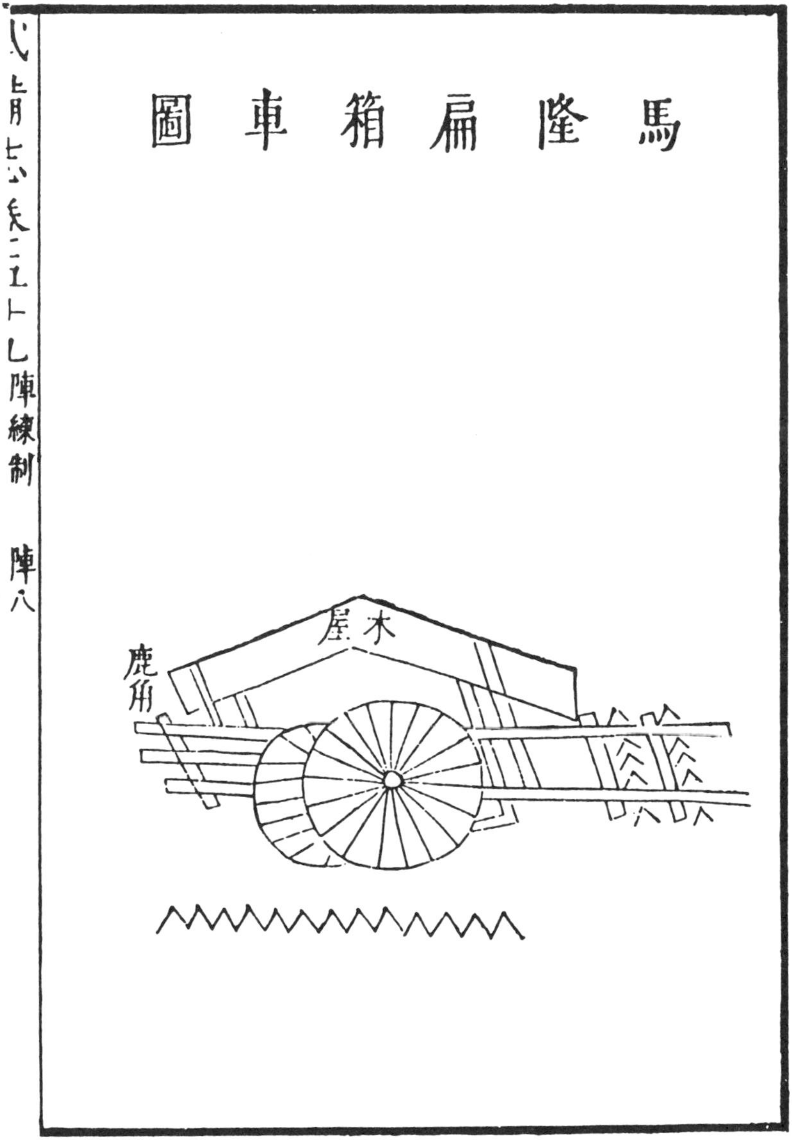

武備志卷一五十九陣練制　陣八

馬隆扁箱車圖

圖三

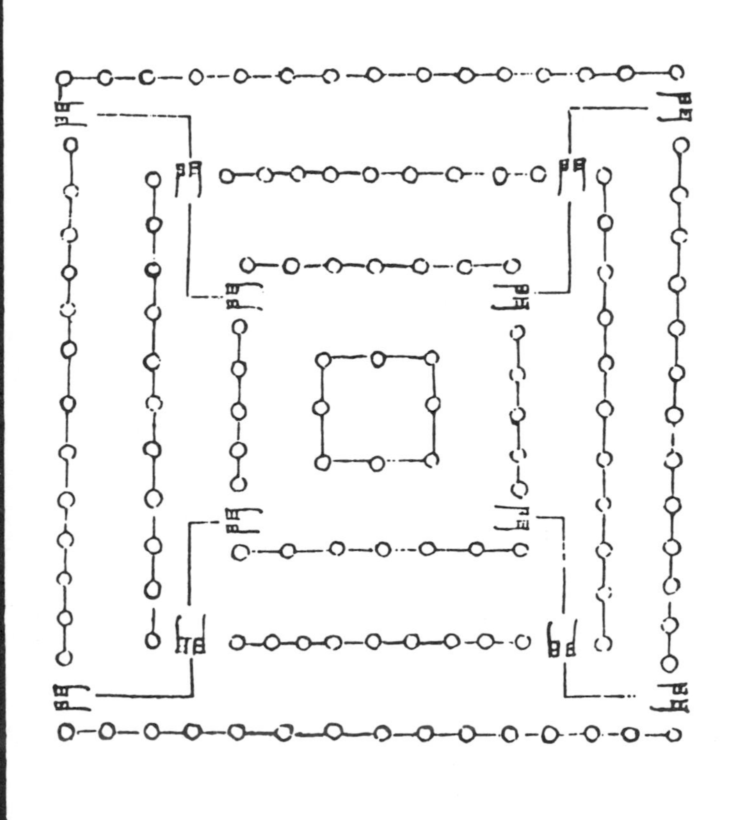

圖四

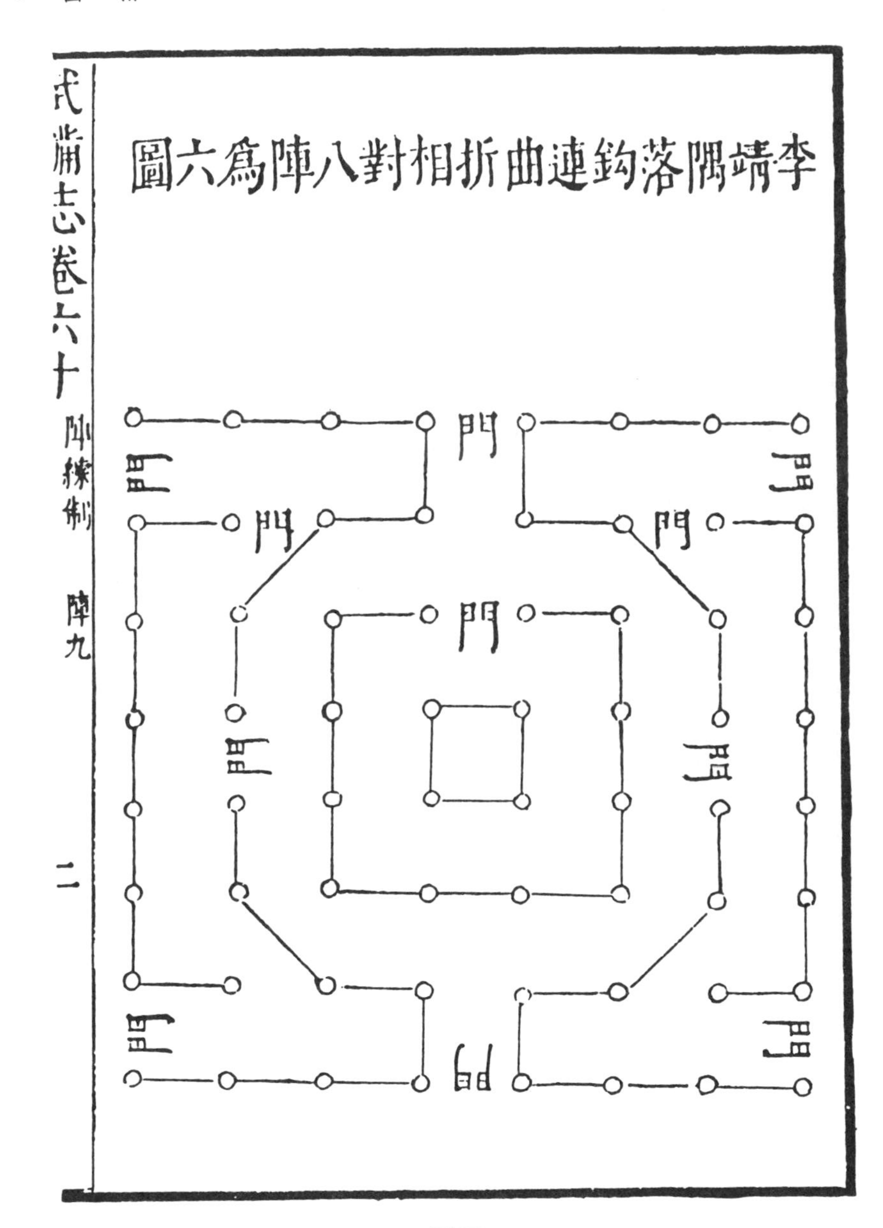

圖五

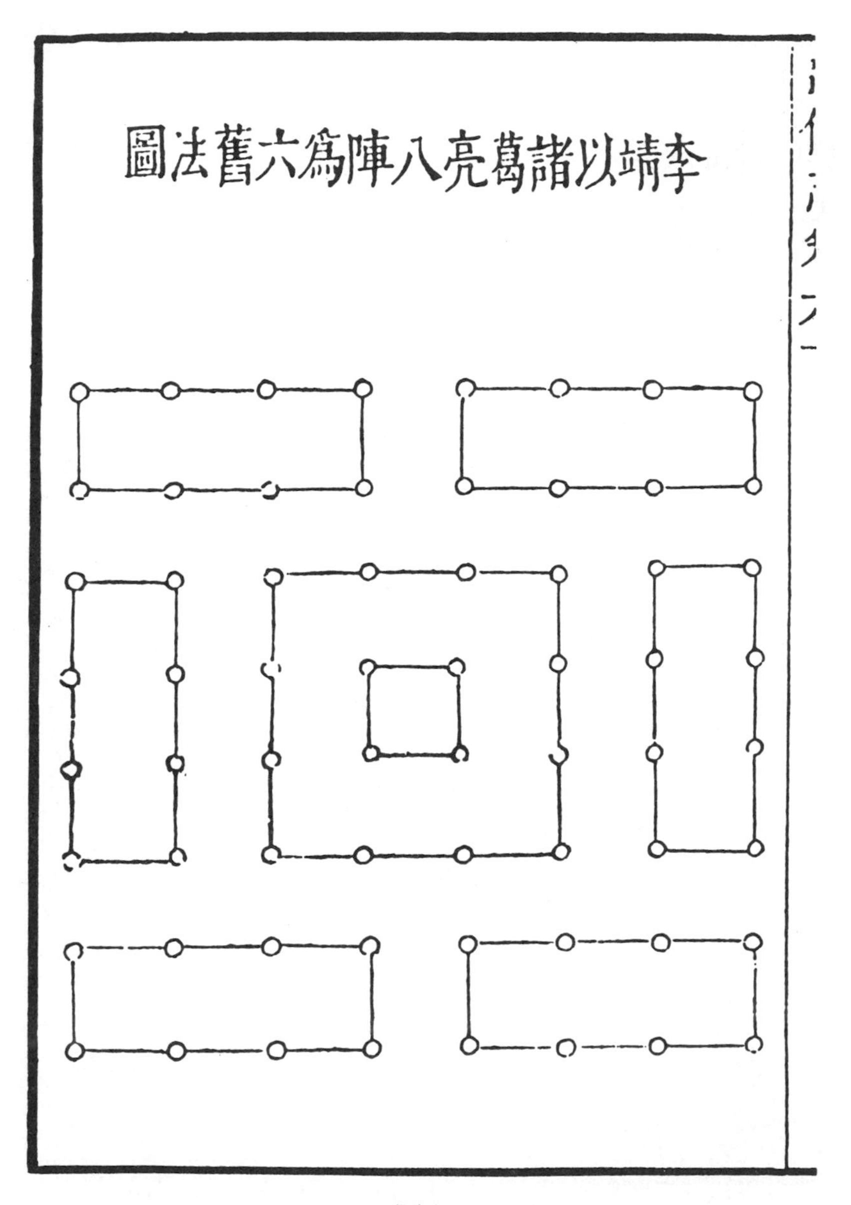

圖六

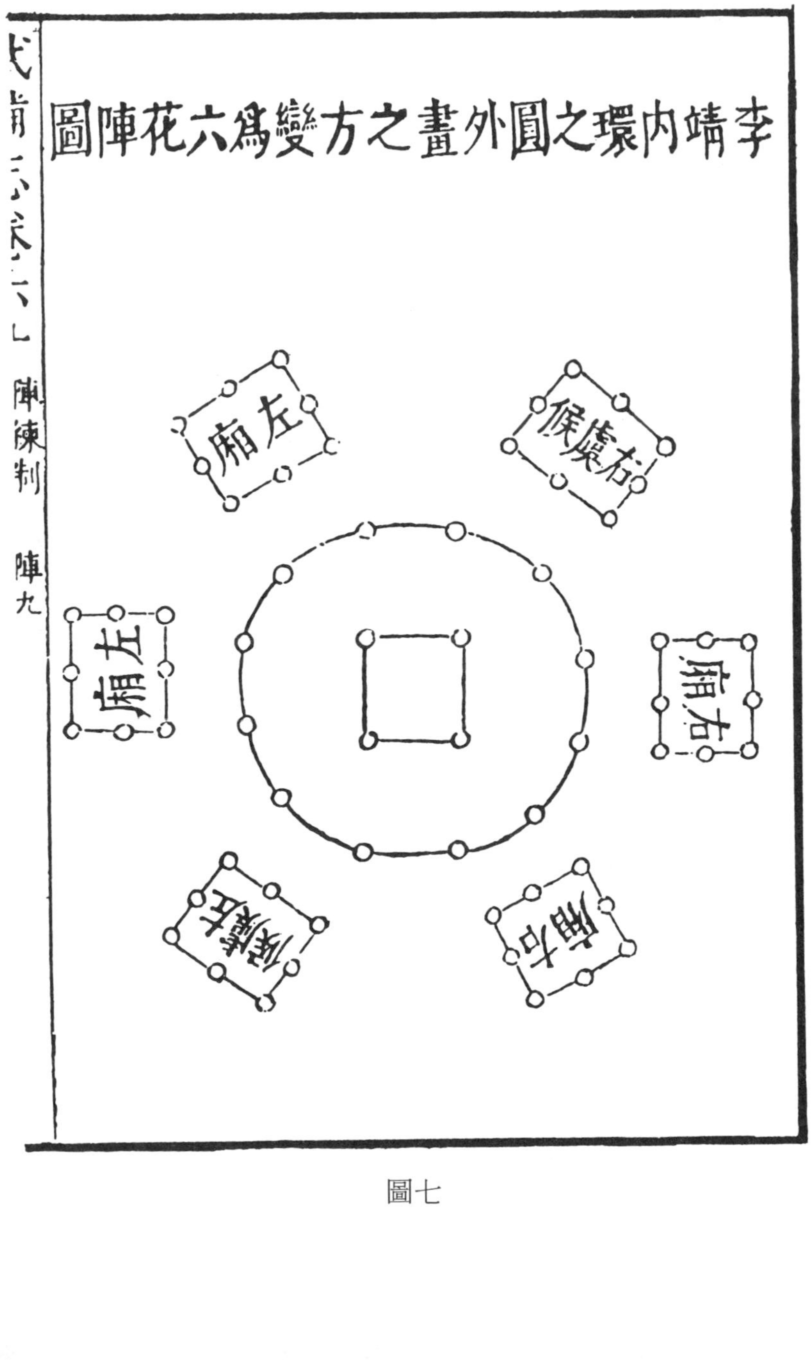

李靖内環之圓外畫之方變爲六花陣圖

陣練制　陣九

左廂
右虞候
左廂
右廂
左虞候
右廂

圖七

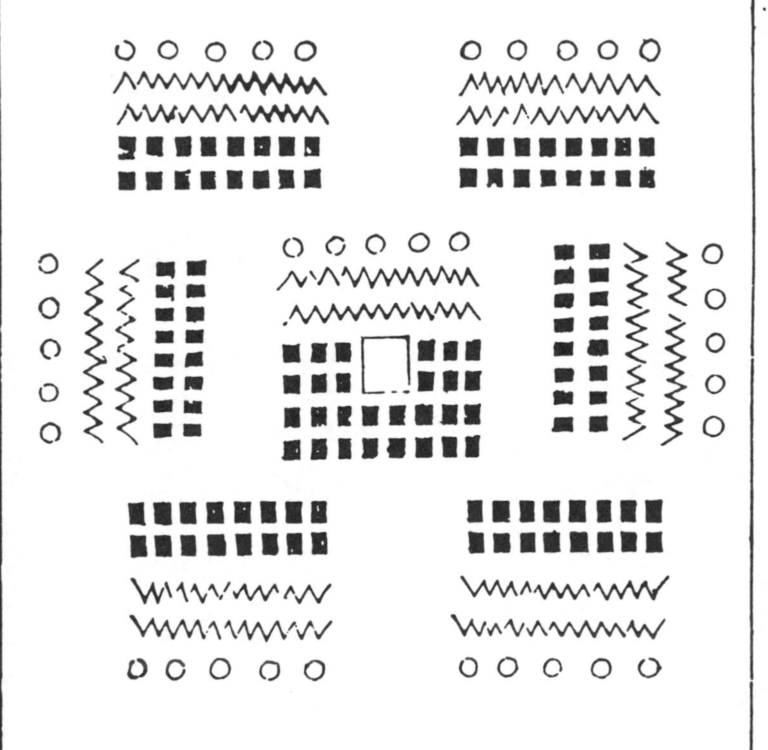

圖八

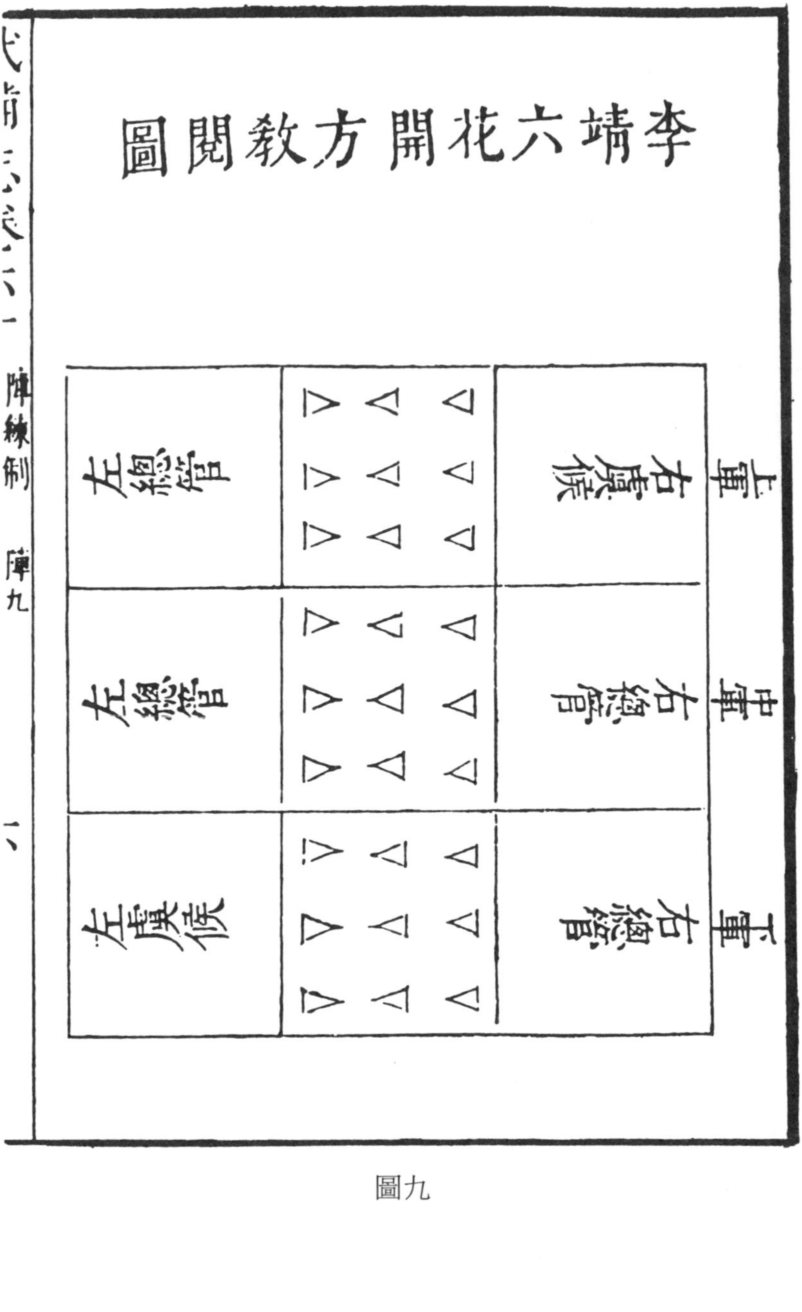

李靖六花開方教閱圖

上軍 右虞候　　左總管

中軍 右總管　　左總管

下軍 右總管　　左虞候

圖九

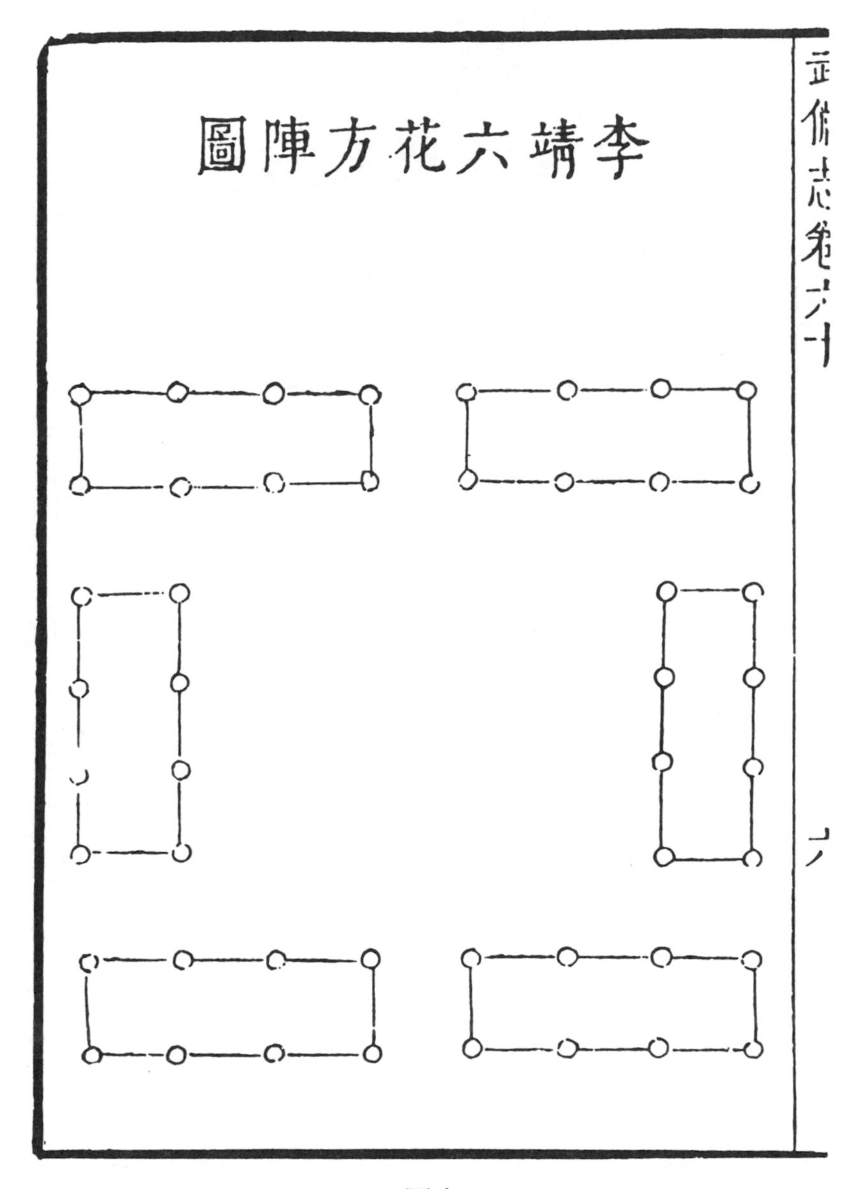

圖十

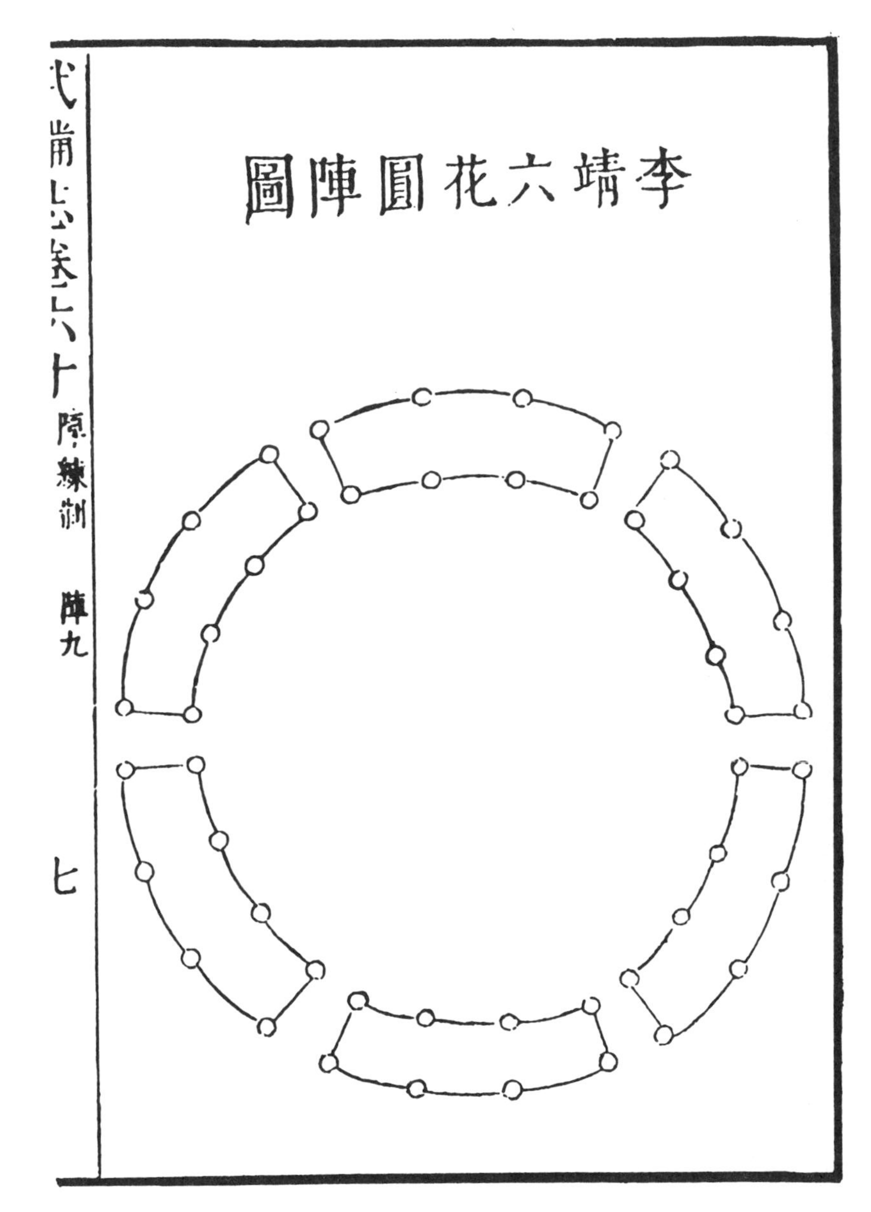

圖十一

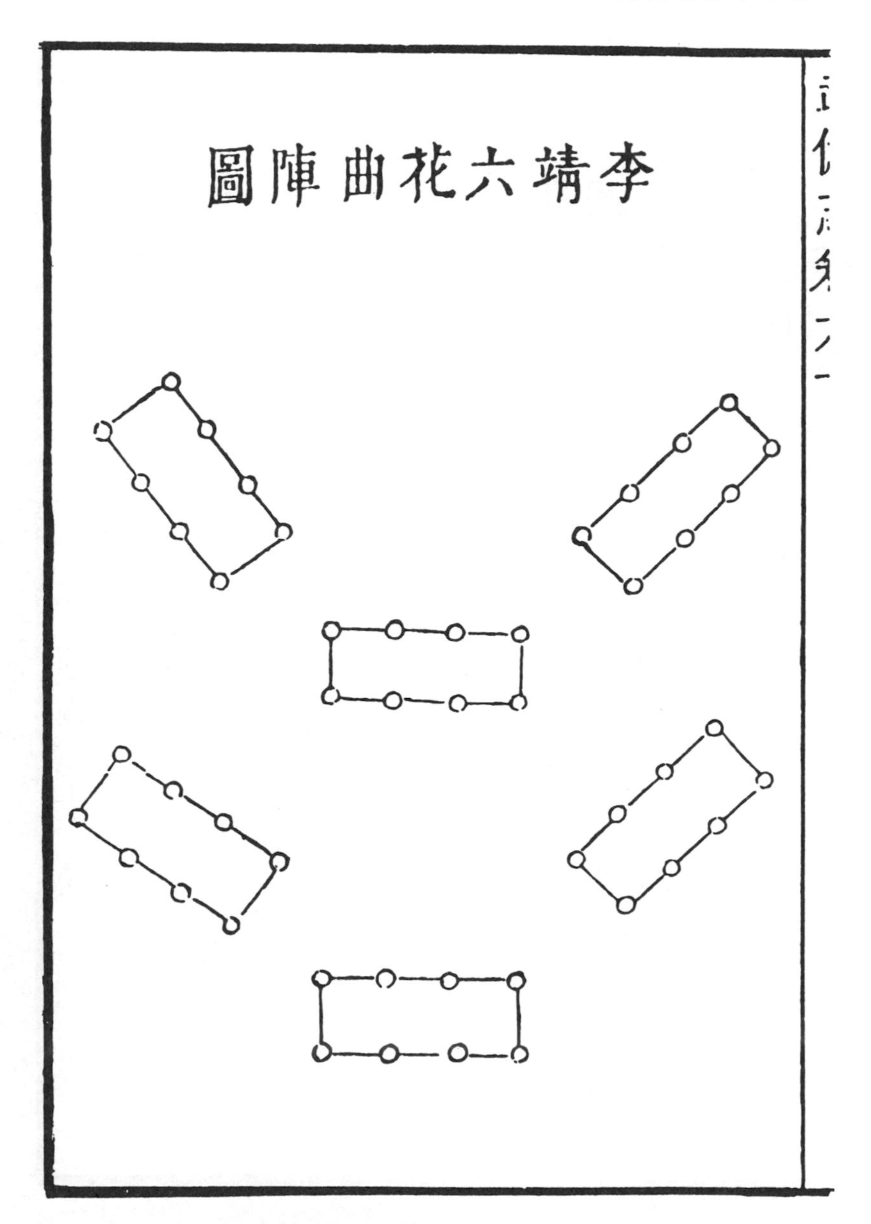

圖十二

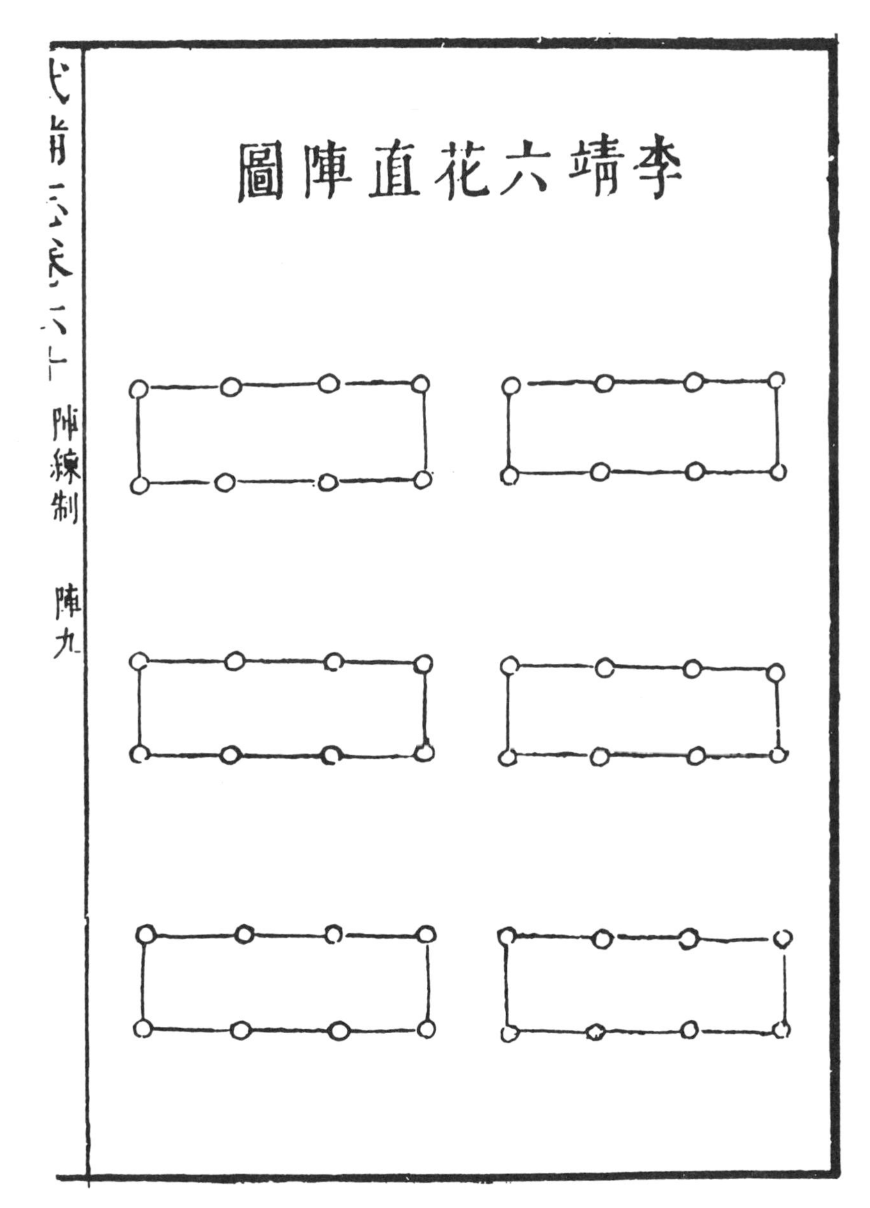

圖十三

李靖六花銳陣圖

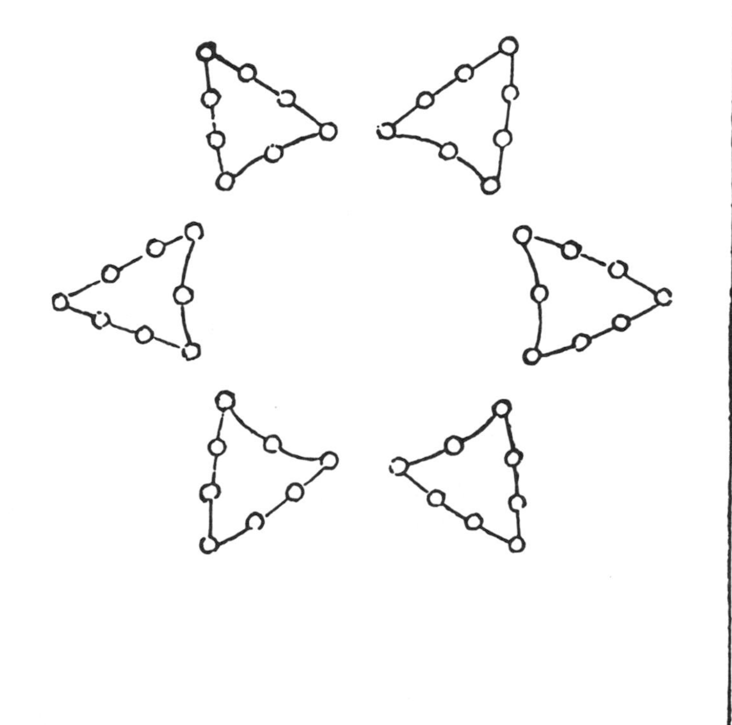

圖十四

導讀

《李衛公問對》，又稱《唐太宗李衛公問對》（以下簡稱《問對》），是唐太宗李世民同其大臣李靖討論軍事問題即用兵之道的談話記錄，是我國古代的一部著名兵書。

李靖（西元五七一～六四九年），本名藥師，京兆三原（今陝西三原）人，晚年官封衛國公，故後世稱其為李衛公。李靖年輕時就博通書史，尤喜研究兵法，深得時人贊許。他原是隋朝的下級官員，後入李世民幕府，並成為李世民手下的得力戰將。他在唐初輔佐李淵、李世民父子兩朝，任大將三十餘年，身經大小戰鬥數百次。史載其「臨機果，料敵明」（《新唐書・卷九三・李靖傳》），屢立奇功。貞觀三年（西元六二九年），突厥諸部叛離唐朝，威脅唐朝西、北部邊境。太宗下令出兵征討。次年正月，李靖率三千輕騎，出其不意，深入東突厥腹地，大敗頡利可汗部。旋又率一萬騎兵，只帶二十日軍糧，乘頡利與唐使臣談判之機，實施突然襲擊。此役，斬敵首萬餘，俘眾十萬，一舉征服東突厥各部，有效地穩定了唐朝的西、北部邊疆。

在長期的戰鬥生涯中，李靖積累了豐富的實戰經驗，加之對前代兵法的刻苦鑽研，使其具有很高的軍事理論素養。《問對》即為其晚年一生戰鬥經驗的總結與對一些重要軍事問題的闡發。全書分上、中、下三卷，以唐太宗同李靖問答的形式記錄而成。通觀全書，唐太宗君臣的談話非一次完成，而是進行了多次。故話題錯落散漫，或斷或連，內容頗為廣泛，但主要圍繞著作戰與訓練這兩個基本方面。為便於讀者閱讀，下面將《問對》所闡述的主要內容與觀點概要介紹如下。

一、關於奇正相變之術的問題

奇正是我國古代軍事學上常用的術語，亦是一個十分重要的命題。《老子》云：「以奇用兵。」《孫子》發展了《老子》的觀點，謂：「凡戰者，以正合，以奇勝。」後代的軍事家們與研治兵法者，也非常重視奇正相變之術，進行了多方面的探索。但往往比較片面地強調「以奇用兵」、「以奇取勝」，未能對奇正的概念下一個確切的涵義。《問對》認真總結了《孫子》以來各家對奇正的分析，對這一重要命題進行了全面、深刻的論述。

首先，《問對》認為，奇正是互相對立、又互相依存的，內涵十分豐富。它指出：「善用兵者，無不正，無不奇，使敵莫測。故正亦勝，奇亦勝。」（卷上）很明顯，《問對》這裡所指的奇正，是兵家在戰爭中所遇到的一切，包括現代軍事學上所說的戰略、戰術及設防布陣、使用指揮兵力等等。而在實際戰事中，沒有不用正的，也沒有不用奇的；只要使敵人判斷不清，採取正能取勝，採取奇亦能取勝。這就在更廣闊、更深程度上闡明了奇正包含的內容和只要運用得當，均能取勝的道理，頗為客觀、辯證。

在對奇正的論述中，《問對》非常強調奇正的變化。它根據《孫子》「戰勢不過奇正，奇正之變，不可勝窮也」的著名論點，指出奇正相變，循環往復，無有窮盡。只有真正懂得了奇正之變，才是掌握了奇正學說的奧妙與精華，即「奇正之極」。再如《問對》在總結霍邑之戰，唐軍打敗宋老生軍時說：「若非正兵變為奇，奇兵變為正，則安能勝哉？」（卷上）故善用兵者，對奇正能「變而神之」，達到出神入化的地步。那種「以奇為奇」、「以正為正」，不知奇正之變，呆板死用兵法的人，是不足談兵的。

其次，《問對》認為奇正變化無窮，而掌握奇正變化之術不是從平時的演習場上所能學到的，必須在戰場上根據千變萬化的實際情況「臨時制變」。對此，《問對》還就如何將奇正變化之術運用到部署、指揮兵力中去，與虛實、示形、分合等緊密結合起來等問題進行了探索。

《問對》指出「不知以奇為正、以正為奇」，就不能知虛實。「奇正者，所以致敵之虛實也。敵實，則我必以正；敵虛，則我必為奇」（卷中），這就是說，奇正之變的一個重要方面是弄清敵人的虛實，發現了其防禦薄弱環節（虛處），就應作為我之主攻方向，就要集中兵力（把正兵變為奇兵）攻擊，而讓次要兵力（把奇兵變為正兵）策應主攻方向的作戰。而使用指揮兵力，要「有分有聚，各貴適宜」（卷下）、「兵散，則以合為奇；合，則以散為奇。

三令五申，三散三合，然復歸於正」（卷中），如此，正兵變奇，奇兵變正；分的時候就該分，合的時候必須合，使軍隊保持高度機動靈活，做到奇正與分合有機地結合。

《孫子》強調「示形」，所謂「示形」，是指通過巧妙的偽裝，將自己的真實意圖和行動隱蔽起來，給敵人以假象。《問對》十分重視《孫子》提出的這種「示形」，指出：「故形之者，以奇示敵，非吾正也；勝之者，以正擊敵，非吾奇也。此謂奇正相變。」（卷中）書中還舉了不少運用示形達到出奇致勝的手段，如利用地形、地物、氣象等等，還二次提到番漢之兵一旦遇敵，可採取「臨時變號易服，出奇擊之」的辦法，對「示形」與奇正的巧妙結合，作了生動而具體的說明。

再次，對在兵力布置、陣形變換中運用奇正相變原理進行了詳細的剖析。

《問對》在卷上解釋《握奇經》「八陣」、「四正」、「四奇」時，形像地把陣地設置、兵力部署分割為一九宮格的方塊，其中「五為陣法，四為間地」。五陣由前、後、左、右、中五個小方陣組成，中央為將領的指揮位置，前、後、左、右為戰鬥部隊所在位置，這稱之為「陣地」或「實地」。在各戰鬥部隊之間的間隙地帶，即井字形的四個頂角方塊，稱為「間地」或「虛地」。在「實地」布防的部隊就是「正兵」，利用「虛地」實施機動的部隊就是「奇兵」。四塊實地上的部隊在中央方陣將領的指揮下，可利用四塊虛地隨時實施機動，成為奇兵。通過《問對》的講解，使我們明白了《握奇經》所說的「八陣，四為正，四為奇」的涵義，懂得了「四正四奇而八陣生焉」，加上據中大將的本陣，五陣而實為九陣的道理。

二、關於進攻與防禦的問題

進攻與防禦是軍事學上最基本的問題之一，歷來為兵家所重視。對此，《問對》提出：「攻是守之機，守是攻之策，同歸乎勝而已矣。」認為進攻是防禦的轉機，防禦是進攻的手段，目的都是為了爭取勝利，兩者不可分割。而「攻守一法，敵與我分為二事。若我事得，則敵事敗；敵事得，則我事敗。得失成敗，彼我之事分焉。攻守者，一而已矣，得一者百戰百勝」，這是說，戰爭中，敵我雙方總是分為一攻一守兩個方面，問題不在誰是攻擊一方，誰是守禦一方，而在於正確地運用戰術。若我方應用正確，敵人就失敗；反之，敵方應用得當，我方就會失敗。至於何時採取進攻，何時採取守禦，《問對》根據《孫子》所說：「不可勝者，守也；可勝者，攻也。」進而闡發道：「謂敵未可勝，則我且自守；待敵可勝，則攻之耳，非以強弱為辭也。」意謂暫時不能戰勝敵人，就採取守禦策略（等待），一旦有了取勝的時機，就發起進攻。所以，選擇進攻還是防守，非以敵我雙方強弱作取捨。它認為，對《孫子》所說「守則不足，攻則有餘」，「便謂不足為弱，有餘為強，蓋不悟攻守之法也」（卷下）。

《問對》還指出：「夫攻者，不止攻其城擊其陣而已，必有攻其心之術焉；守者，不止完其壁堅其陣而已，必也守吾氣而有待焉。」「夫攻其心者，所謂知彼者也；守吾氣者，所謂知己者也。」（卷下）這裡，《問對》不但強調進攻先要有瓦解敵人鬥志的攻心之術，守禦須守吾氣，保持我軍旺盛士氣，而且將此作為知彼知己的具體表現，對《孫子》「知彼知己，百戰不殆」這句名言作了新的詮釋與創造性的發揮，堪當不刊之論。

三、關於陣法訓練的問題

《孫子》說：「教道不明，吏卒無常，曰亂。」「亂軍引勝」。《問對》則進一步指出：「自古亂軍引勝，不可勝紀。」「亂軍引勝者，言己自潰敗，非敵勝之也。」（卷上）為此，它提出要重視平時對官兵的訓練，提高他們的軍事素質，特別是陣法的訓練，以達到在戰鬥中「鬥亂而（陣）法不亂」。為了加強對部隊的訓練，李靖創立了六花陣，可惜此陣圖今已失傳，不得其詳，但仍能從《問對》中窺知大概。《問對》不但重視陣法訓練，而且講究訓練的方法，認為：「教得其道，則士樂為用；教不得法，雖朝督暮責，無益於事矣。」（卷上）書中提出了由伍法而隊法而陣法，即由單兵到多兵、由小部隊到大部隊的由淺入深、循序漸進的訓練原則與訓練方法（詳卷中）。

除此之外，《問對》還就如何綜觀全局，掌握戰爭主動權，如何控制和使用將士等諸多問題進行了探討。總之，是書內容豐富、論述深刻，正如四庫館臣所評價的：「其書分別奇正，指畫攻守，變易主客，於兵家微意時有所得。」（《四庫總目提要．卷九九》）

如上所述，《問對》是唐太宗同李靖的談話記錄整理而成的。唐時除了在杜佑的《通典》中載有籠統稱之為「李靖兵法」的部分內容外，是否已有此書未見有其他記載。現在見到的此書最早刻本是北宋神宗時頒定的《武經七書》合刊本。因此，自宋代始，就有人懷疑《問對》是宋人偽託之書，說是為一叫阮逸的人所偽造。據說阮逸曾將偽造的此書草稿送請蘇軾父親蘇洵審閱，而蘇軾亦見過這一草稿。但這都僅僅是傳說而已，在蘇洵、蘇軾的著作中也未見有關這方面的記載。關於《問對》是否偽作的問題，目前學術界仍在討論，未有確切結論。但不管怎樣，有二點似可肯定，一是據李燾《續資治通鑑長編》卷三〇三關於校正《武經七書》的記載，元豐三年四月乙未，「詔校定《孫子》、《吳子》、《六韜》、《司馬法》、《三略》、《尉繚子》、《李靖問對》等書，鏤版行之」，說明元豐三年（西元一〇八〇年）時，已有《問對》一書流傳。二是當時宋神宗校定頒刻兵書，是作為立武學，以訓武舉之士的一項富國強兵的重大改革措施，而《問對》能與《孫子》、《吳子》等傳世兵書名著一起列入《武經七書》，成為武學中的教科書，足見其在當時的地位和影響。由於《問對》同我國古代其他兵書一樣，是前人聰明智慧的結晶，包含著深邃哲理，對於各個學科、各行各業均有啟迪和借鑒作用。當今，它不但仍是指導戰爭、培養高級軍事人材的有用教科書，且其原理還被廣泛運用到政治、經濟、文化、商戰、企業管理、公共關係、人際交往及個人思想修養等各個方面。這就是我們把它整理介紹給讀者，建議大家讀一讀本書的意義所在。

《問對》自北宋元豐年間列入《武經七書》後，屢經刊刻，文字多有訛誤。我們這次整理，所用底本是民國二十四年上海涵芬樓《續古逸叢書》影印中華學藝社借照膠片影印出版的日本巖崎氏靜嘉堂藏南宋孝宗光宗年間浙刻《武經七書》白文本。此本為《問對》現存最早刻本，當屬善本，但其間亦有錯訛脫落，故用他本進行了校勘。因篇幅所限，所用校勘之他本，未能一一注明。

鄔錫非

一九九五年十月

卷上

【題 解】卷上共十九節。本卷主要討論了中國軍事理論上一對著名的範疇：奇正。在卷中，關於奇兵正兵，兩者相互轉化、相生相克的辯證關係，它們和戰勢，和分合的內在聯繫，以及如何運用奇兵克敵制勝，均有精闢的論述，有些還結合實戰作了闡發。例如卷中兩次提到番漢部隊用變號易服之法出奇擊敵。這種結合實戰的論述無疑特別能予人以啟迪。作為奇正議論的生發，本卷不但對前代兵法中諸如「形人而我無形」、「多方以誤之」等著名論斷作了精到的闡說，而且對「奇兵旁擊」、諸葛亮的兵、將與戰爭勝負之關係的言論，也都揣摩情勢作出了中肯的分析，表現出不拘陳說的思索精神，由此本卷指出對兵法要古今參用，軍隊平時訓練要和戰時隨機應變有所區別，就是很自然的了。由此可見，本卷關於奇正範疇的議論深刻而多方面，足以讓人舉一而反三。除上所述，本卷對陣法的起源、變化及作用，兵制的演變，兵法源流及派別等內容，也都有所論及。

太宗❶曰：「高麗❷數❸侵新羅❹，朕❺遣使諭❻，不奉詔，將討之，如何？」

靖❼曰：「探知蓋蘇文❽自恃知兵，謂中國❾無能討，故違命。臣請師❿三萬擒之。」

太宗曰：「兵少地遙，以何術臨之？」

靖曰：「臣以正兵⓫。」

太宗曰：「平突厥⓬時用奇兵⓭，今言正兵，何也？」

靖曰：「諸葛亮七擒孟獲⓮，無他道⓯也，正兵而已矣。」

太宗曰：「晉馬隆討涼州⓰，亦是依八陳圖⓱，作偏箱車⓲，地廣則用鹿角車營⓳，路狹則為木屋施⓴於車上，且戰且前。信乎！正兵古人所重也。」

靖曰：「臣討突厥，西行數千里，若非正兵，安能致遠㉑？偏箱、鹿角，兵之大要：一則治力㉒，一則前拒，一則束部伍，三者迭相為用。

斯馬隆所得古法深矣！」

【章　旨】此章指出就用兵整體而言，在長距離征伐時應當使用正兵。

【注　釋】❶太宗　唐太宗李世民（西元五九九～六四一年）。唐朝傑出的皇帝，唐高祖李淵次子。武德九年（西元六二六年）發動玄武門之變，殺其兄長李建成，得為太子，繼其父高祖李淵為帝，西元六二八年統一全國。西元六二六年至西元六四九年在位。常能以「亡隋為戒」，較能任賢、納諫，促使社會經濟得到恢復發展，史稱「貞觀之治」。❷高麗　朝鮮古國。即高句麗，亦作「高句驪」、「句驪」、「句麗」。唐朝時建都平壤，位於今朝鮮北部及其附近地區。❸數　屢次。❹新羅　朝鮮古國。位於高麗東南，即今朝鮮東南部，當時與高麗都臣屬於唐。❺朕　皇帝的自稱。始用於秦始皇。❻諭　皇帝的詔令。此作動詞。諭示、曉示之意。❼靖　李靖（西元五七一～六四九年）。唐朝初年軍事家，本名藥師，京兆三原（今陝西三原東北）人。唐太宗時，歷任兵部尚書、尚書右僕射等職，先後擊敗東突厥、吐谷渾，封衛國公。其作品《李衛公兵法》，原書已佚，清人汪宗沂根據《通典》等資料的徵引而輯為《衛公兵法》，收入《漸西村舍叢書》中。❽蓋蘇文　高麗國大臣。又號蓋金，姓泉氏。唐貞觀十六年（西元六四二年）殺害了國王建武之後，立建武之姪臧為王，自任「莫支離」（相當於唐朝兵部尚書），聯合百濟，屢攻新羅國。❾中國　此指京師、朝廷。❿師　軍隊。⓫正兵　古代軍事學術語。為「奇兵」之對。涵義甚為廣泛，普通指按照一般原則和常規戰法進行軍事行動，如正面進攻、警戒守衛、明攻箝制等等。⓬突厥　我國古族名。西元六世紀時，游牧於金山（今阿爾泰山）一帶。隋朝時分為東突厥和西突厥兩部。唐貞觀三年（西元六二九年），唐太宗命李靖統各部唐軍出擊東突厥，李靖親率精騎，於次年正月、二月兩次突襲，大破東突厥軍隊，不久，東突厥即告平定。⓭奇兵　古代軍事學術語。為「正兵」之對。涵義廣泛，一般指按照特殊原則和出敵意外的戰法進行軍事行動，如迂迴側擊、集結機動、偷襲助攻等等。⓮諸葛

亮七擒孟獲　劉備死後，孟獲和建寧豪強雍闓起兵反蜀，史稱諸葛亮於西元二二五年南征，採取「攻心為上」策略，對孟獲七擒七縱，使其心悅誠服而歸附。諸葛亮（西元一八一～二三四年），字孔明。東漢琅邪陽都（今山東沂南南）人，三國時蜀漢傑出的政治家、軍事家。孟獲，三國時彝族首領。⓯道　方法。⓰晉馬隆討涼州　西元二七九年，晉武帝正準備伐吳，鮮卑首領樹機能率兵攻占涼州，威脅西晉後方。馬隆帶兵西征，樹機能據險設伏，阻止晉軍。馬隆仿照諸葛亮八陣圖，結成偏箱車陣，且戰且前，推進千餘里，最後與敵決戰，斬樹機能，平定了涼州。馬隆，字孝興。西晉名將。⓱八陣圖　相傳為諸葛亮所創的一種攻防兼備的陣法。它用縱橫排列的六十四個戰術單位組成一個大方陣，後設二十四隊遊騎，機動配合大方陣作戰，見附圖一、二。陳，同「陣」。⓲偏箱車　古代一種兵車。亦作「扁箱車」。即設置一箱的小車，見附圖三。⓳鹿角車營　把偏箱車首尾相連，圍成一圈，車上架設刀槍戈戟，鋒刃向外，以為防禦，使敵人不易接近襲擊，而己方的弓弩手則可憑藉之自內向外射擊。因其形似鹿角，故稱之為鹿角車營。⓴施　架設。㉑致遠　到達遠處。㉒治力　掌握部隊戰鬥力。

【語　譯】太宗說：「高麗屢次侵犯新羅，朕曾派使節前去告誡它，但它不服從詔令，因此朕想出兵討伐它，你認為怎麼樣？」

李靖說：「臣探聽得蓋蘇文倚仗著會用兵，以為朝廷沒有能力討伐他，所以違抗聖命。臣請求率領三萬軍隊前去抓獲他。」

太宗說：「兵力少而地方遙遠，你用什麼辦法去對付他呢？」

李靖說：「臣用正兵。」

太宗說：「你平定突厥時是用奇兵獲勝，這次卻說要用正兵，為什麼呢？」

李靖說：「諸葛亮七擒孟獲，沒有其他方法，就是用正兵罷了。」

太宗說：「晉朝時馬隆討伐涼州，也是按照八陣圖布陣，製作偏箱車，地形寬廣時，就結成鹿角車營，路途狹窄時，就用木屋架設在車上，邊作戰邊向前推進。的確，正兵是為古人所重視的！」

李靖說：「臣征討突厥時，西行數千里，如果不是用正兵，怎麼能到達那麼遠的地方呢？用好偏箱車、鹿角車營，是用兵的大要則：一是可藉此掌握好部隊的戰鬥力，一是能用它們抵禦面前的敵人，一是能藉此約束住自己的隊伍，三種作用可以交相更替著發揮。馬隆所學到的這一古法十分深奧啊！」

二

太宗曰：「朕破宋老生❶，初交鋒，義師❷少卻❸。朕親以鐵騎❹自南原馳下，橫突之。老生兵斷後❺，大潰，遂擒之。此正兵乎？奇兵乎？」

靖曰：「陛下天縱❻聖武❼，非學而能。臣案❽兵法，自黃帝❾以來，先正而後奇，先仁義而後權譎❿。且霍邑之戰，師以義舉者，正也；建成墜馬⓫，右軍少卻者，奇也。」

太宗曰：「彼時少卻，幾敗大事，曷⑫謂奇邪？」

靖曰：「凡兵，以前向為正，後卻為奇；且右軍不卻，則老生安致⑬之來哉？法曰：『利而誘之，亂而取之⑭。』老生不知兵，恃勇急進，不意斷後，見⑮擒於陛下。此所謂以奇為正也。」

太宗曰：「霍去病⑯暗與孫、吳合，誠有是夫！當右軍之卻也，高祖失色，及朕奮擊，反為我利。孫、吳暗合，卿實知言⑰。」

【章　旨】此章通過實際戰例的分析，指出用兵原則是「先正而後奇」，先有正兵，而後相機用奇。所謂「以奇為正」，即臨敵變化，抓住戰機攻擊敵人，促成戰勢的轉化。

【注　釋】❶宋老生　隋煬帝將領。隋朝霍邑（今山西霍縣）守將。隋大業十三年（西元六一七年），李淵、李世民父子起兵反隋，自太原進至霍邑，與宋老生交戰，宋老生兵敗被殺。❷義師　正義的軍隊。是李世民對自己軍隊的褒稱。❸少卻　稍微退卻。❹鐵騎　本指穿鐵甲的騎兵，此指精銳的騎兵。❺斷後　被切斷了後路。❻天縱　天所放任使然。意謂上天所賦予。❼聖武　聖明英武。❽案　依照；查驗。❾黃帝　古史傳說中「五帝」之一。相傳是我國中原各族的共同祖先，姬姓，號軒轅氏、有熊氏。傳說中黃帝曾在阪泉（今河北涿鹿東南）打敗炎帝，又曾在涿鹿擊殺蚩尤。有《黃帝兵法》，為後人偽託。❿權譎　機巧詭詐。⓫建成墜馬　霍邑之戰開始後，李淵、李建成部戰鬥不利，往後退卻，李建成落馬（後被救起），宋老生軍隊乘機進擊。這時位於城南的李世民乘宋軍側後暴露，率領精騎自南原向北急馳而下，連續突擊宋軍陣後，切斷其後路。李淵、李建成此時乘勢回軍反擊，宋老生兵敗被殺。建成，李建成，唐高祖李淵的長子，因與其弟李世民爭奪皇位繼承權，在西元六二六年的玄武門之變中被李世民所殺。⑫曷　何。⑬致　使；令。⑭利而誘之二句　語出《孫子・計篇》。⑮見　被。⑯霍去病　（西元前一四〇～前一一七年）河東平陽（今山西臨汾西南）人。西漢武帝時著名將領，官至驃騎將軍，封冠軍侯。他曾先後六次出擊匈奴，解除了匈奴對漢王朝的威脅。他沒有學過兵法，但用兵打仗卻多與孫、吳兵法相吻合。⑰知言　有見識之言。

【語　譯】太宗說：「朕擊敗宋老生的那場戰鬥，兩軍剛剛交鋒時，我方的軍隊就稍微向後退卻。這時朕親自率領精銳騎兵，從南原急馳而下，從側面突擊敵軍。宋老生的部隊被切斷了後路，大敗，於是抓住了宋老生。這用的是正兵呢？還是奇兵？」

李靖說：「陛下有天賦的聖明英武，不是常人通過學習所能獲得的。按照兵法的記載來看，從黃帝以來，用兵都是先正而後奇，先講仁義而後再講權謀詭詐。而且霍邑之戰，我軍是因為正義而興師，這是正兵；李建成墜落馬下，右軍稍微後退，這是奇兵。」

太宗說：「那時稍微後退了一下，幾乎壞了大事，為何還說是奇兵呢？」

李靖說：「大凡用兵，以向前攻擊推進為正兵，以有意識地後撤迷惑敵人為奇兵；況且當時右軍如果不退後，那麼又怎麼能使得宋老生全力來進逼呢？兵法上說：『給敵人小利，以引誘他；使敵人混亂，然後攻取他。』宋老生不懂兵法，倚仗勇武急躁冒進，卻不料被切斷了後路，人也被陛下擒殺。這就是所謂把奇兵變作正兵了。」

太宗說：「霍去病用兵與孫、吳兵法不謀而合，果然有這樣的事！當我右軍後退的時候，高祖大驚失色，等到朕奮力出擊，形勢反而是對我軍有利。這與孫、吳兵法也暗相吻合，你的話實在是有見識。」

三

太宗曰：「凡兵卻皆謂之奇乎？」

靖曰：「不然。夫兵卻，旗參差❶而不齊，鼓大小而不應，令喧囂而不一，此真敗卻也，非奇也。若旗齊鼓應，號令如一，紛紛紜紜❷，雖退走，非敗也，必有奇也。法曰：『佯北勿追❸。』又曰：『能而示之不能❹。』皆奇之謂也。」

太宗曰：「霍邑之戰，右軍少卻，其天乎？老生被擒，其人乎❺？」

靖曰：「若非正兵變為奇，奇兵變為正，則安能勝哉？故善用兵者，奇正在人而已。變而神之，所以❻推乎天也。」

太宗俛首❼。

【章旨】此章指出對正兵、奇兵不可一成不變地理解，克敵制勝之奇正變化在人不在天。

【注釋】❶參差　長短不齊。❷紛紛紜紜　形容盛多。❸佯北勿追　語出《孫子・軍爭篇》。❹能而示之不能　語出《孫子・計篇》。❺霍邑之戰五句　霍邑之戰的情況，參上一章注⓫。❻所以　表示原因。與現代漢語表示結果不同。❼俛首　低頭。俛，同「俯」。此處是說太宗明白了李靖的意思之後，因為贊同敬服，故低下了頭。

【語譯】太宗說：「凡是軍隊後退，都可以稱之為用奇兵嗎？」

李靖說：「不是這樣。軍隊後退時，旗幟零亂不整齊，鼓聲有大有小而不相應，號令喧囂而不統一，這是真正的敗退，不是用奇兵。如果旗幟整齊而鼓聲相應，號令統一，人馬又很多，那麼即便退走，也不是敗退，一定是有奇兵。兵法上說：『假裝敗退的敵人，不要去追擊它。』又說：『能打，卻對敵人裝出不能打的樣子。』這些都是用奇兵的說法。」

太宗說：「霍邑之戰，我方右軍稍微後退，是天意嗎？宋老生被擒，是人力所為嗎？」

李靖說：「要不是正兵變為奇兵，奇兵變為正兵，那又怎能獲勝呢？所以善於用兵的人，都只把奇正的變化繫之於人的運用罷了。奇正變化達到了神奇莫測的地步，這就使得人們往往把它歸之為天意。」

太宗贊服地低下了頭。

四

太宗曰：「奇正素❶分之歟？臨時制之歟？」

靖曰：「案《曹公新書》❷曰：『己二而敵一，則一術❸為正，一術為奇；己五而敵一，則三術為正，二術為奇。』此言大略爾。唯孫武❹云：『戰勢不過奇正，奇正之變，不可勝窮。奇正相生，如循環之無端，孰能窮之❺？』斯得之矣，安有素分之邪？若士卒未習吾法，偏裨❻未孰吾令，則必為❼之二術。教戰時，各認旗鼓，迭相分合。故曰『分合為變❽』，此教戰之術爾。教閱❾既成，眾知吾法，然後如驅群羊，由將所指，孰分奇正之別哉！孫武所謂『形人而我無形❿』，此乃奇正之極致⓫。是以素分者，教閱也；臨時制變者，不可勝窮也。」

太宗曰：「深乎，深乎！曹公必知之矣。但⓬《新書》所以授諸將而已，非奇正本法。」

【章旨】此章指出奇正之別在於戰時相機應變，而這種變化則不可窮盡。

【注釋】❶素　平素。❷曹公新書　曹操（西元一五五～二二〇年）所著的軍事論著《新書》。今已失傳。《問對》引用《新書》的文句，多出自曹操《孫子注》。❸術　部分。❹孫武　字長卿。春秋時齊國人，為當時著名軍事家，所著《孫子兵法》，是中國最早最傑出的兵書。❺戰勢不過奇正六句　語出《孫子・勢篇》。孰，誰。❻偏裨　偏將和裨將，此通指將佐。❼為　教練。❽分合為變　語出《孫子・軍爭篇》。❾教閱　教練檢閱。教，教練。閱，考核。❿形人而我無形　語出《孫子・虛實篇》。形人，示形於人。意即把假象暴露給敵人。⓫極致　最高的造詣。⓬但　只是。

【語譯】太宗說：「奇兵和正兵是平時就區分好的呢？還是戰時臨時決定的？」

李靖說：「按照《曹公新書》上所說：『我方為二而敵方為一時，就一部分為正兵，一部分作奇兵；我方為五而敵方為一時，就三部分作正兵，二部分為奇兵。』這說的只是大致情況而已。唯有孫武說過：『作戰的態勢，不外乎奇兵、正兵兩種，可是奇正間的變化，則是不可窮盡的。奇正的相互轉化，就像順著圓環那樣無始無終，誰又能窮盡它呢？』這說到了奇正之變的奧妙之處，哪有平時就把奇正分好的呢？假如士卒沒有學過我們的戰法，將佐不熟悉我們的號令，就必須把部隊分為兩部分來教他們如何作戰。教戰時，讓他們各個識別指揮的旗幟和鼓聲，交替進行分散或集中的演習。所以說『分散和集中以變換戰術』，這就是教戰的方法罷了。教練檢閱完成以後，士眾都知道了我們的戰法，然後就可像驅趕群羊似的，任由將領指揮他們，誰又能分出來奇正的區別呢！孫武所說的『顯示假象給敵人而不讓敵人知道我軍的真正形跡』，這是奇正運用的最高造詣。所以平時對奇正加以分別，那是教練和考核的需要；臨陣對敵時決定的奇正變化，則是不可窮盡的。」

太宗說：「深奧啊！深奧啊！曹公一定是知道這些道理的。《新書》只是用作教授諸位將領而已，不是專門講奇正運用的根本法則的。」

五

太宗曰：「曹公云奇兵旁擊❶，卿謂若何？」

靖曰：「臣按曹公注《孫子》曰：『先出合戰為正，後出為奇❷。』此與旁擊之說異焉。臣愚❸謂大眾所合為正，將所自出為奇，烏❹有先後旁擊之拘哉？」

太宗曰：「吾之正，使敵視以為奇，吾之奇，使敵視以為正，斯所謂『形人』者歟？以奇為正，以正為奇，變化莫測，斯所謂『無形』者歟？」

靖再拜曰：「陛下神聖，迥出古人，非臣所及。」

【章旨】此章進一步指出對奇正的理解不可拘於一說，解釋了「形人」而我「無形」。

【注釋】❶奇兵旁擊　語出曹操《孫子・勢篇》注。❷先出合戰為正二句　語出曹操《孫子・勢篇》注。合戰，兩軍交戰。❸愚　自稱的謙詞。❹烏　何；哪裡。

【語譯】太宗說：「曹公說奇兵是從側面打擊敵人的，你以為如何？」

李靖說：「按照曹公注《孫子》中說：『先出動和敵人交戰的是正兵，後出動的是奇兵。』這和從側面打擊敵人的說法又不同了。臣愚見以為大部隊同敵人交戰的是正兵，將領根據具體戰況用兵是奇兵，哪有什麼先後、旁擊這種拘泥呢？」

太宗說：「我的正兵，讓敵人看著以為是奇兵，我的奇兵，讓敵人看著以為是正兵，這就是孫子所說的『形人』吧？以奇兵為正兵，以正兵為奇兵，變化多端，使人莫測，這就是孫子所說的『無形』吧？」

李靖再拜說：「陛下聖明，遠遠超出了古人，不是臣所能及的。」

六

太宗曰：「分合為變者，奇正安在？」

靖曰：「善用兵者，無不正，無不奇，使敵莫測。故正亦勝，奇亦勝。三軍之士，止❶知其勝，莫知其所以勝。非變而能通，安能至是哉？分合所出，唯孫武能之，吳起❷而下，莫可及焉。」

太宗曰：「吳術若何？」

靖曰：「臣請略言之。魏武侯問吳起兩軍相向❸，起曰：『使賤而勇者前擊，鋒始交而北，北而勿罰，觀敵進取。一坐一起，奔北不追，則敵有謀矣；若悉眾追北，行止縱橫，此敵人不才，擊之勿疑❹。』臣謂吳術大率多此類，非孫武所謂以正合也。」

太宗曰：「卿舅韓擒虎❺嘗❻言，卿可與論孫、吳，亦奇正之謂乎？」

靖曰：「擒虎安知奇正之極！但以奇為奇，以正為正爾，曾❼未知奇正相變循環無窮者也。」

【章 旨】此章就分合之變與奇正之關係，指出善於用兵，就要奇正無所不在，讓別人摸不到規律。

【注　釋】❶止　只；僅。❷吳起　（？～西元前三七八年）戰國時軍事家。衛國左氏（今山東曹縣北）人。善於用兵，《漢書・藝文志》著錄有《吳起》四十八篇，已佚。今本《吳子》六篇係後人所託。❸魏武侯問吳起兩軍相向　魏武侯問吳起：兩軍相對，不知道對方將領才能如何，想要了解他，有什麼辦法？魏武侯，即魏擊。戰國時魏國國君，魏文侯之子，西元前三九五年至西元前三七〇年在位。兩軍相向，事見《吳子・論將第四》。❹使賤而勇者前擊十一句　語出《吳子・論將第四》。坐，坐陣；堅守陣地。❺韓擒虎　字子通。隋代大將，河南東垣（今河南新安東）人。隋文帝開皇九年（西元五八九年）正月，在隋滅陳的戰爭中，他率輕騎五百攻入建康（今南京），俘陳後主，陳國滅亡，他因功封上柱國。❻嘗　曾經。❼曾　竟然。

【語　譯】太宗說：「分而合、合而分造成變化，奇正又體現在哪裡呢？」

李靖說：「善於用兵的人，無時無處不用正兵，無時無處不用奇兵，使敵人無法判斷。所以他用正兵也能取勝，用奇兵也能取勝。三軍士眾，只知道他獲得了勝利，卻不明白他之所以獲勝的原因。要不是奇正變化已經到了得心應手的地步，又如何能達到這種境界呢？由分合產生各種奇正變化，只有孫武能夠做到，自吳起以下，沒有人能做到這一點。」

太宗說：「吳起用兵的方法是怎樣的？」

李靖說：「臣請求大略說說。魏武侯曾問吳起，兩軍對陣時如何判斷敵方將領的才能，吳起回答說：『讓地位低賤而勇敢的人前去攻擊敵人，剛一交鋒就假裝敗退，敗退了也不要處罰他們，同時觀察敵軍的進退動向。如果敵人防守進逼皆有章法，看到我軍敗退也不追，那麼敵將就是有智謀的了；如果敵人全軍出動來追擊我方敗兵，進止雜亂無序，這說明敵將沒有才能，可以攻擊他而不必猶疑。』臣以為吳起用兵打仗的方法大多數都屬於這一類，不是孫武所說的用正兵和敵人交戰。」

太宗說：「你的舅父韓擒虎曾經說，你可以和他談論孫、吳兵法，也是指奇正而言嗎？」

李靖說：「擒虎哪裡知道什麼奇正變化的奧妙呢！他只懂以奇兵為奇，以正兵為正罷了，竟然不知道奇正相生相變如同順著圓環，是無窮無盡的。」

七

太宗曰：「古人臨陳出奇，攻人不意，斯亦相變之法乎？」

靖曰：「前代戰鬥，多是以小術而勝無術，以片善❶而勝無善，斯安足以論兵法也？若謝玄之破苻堅❷，非謝玄之善也，蓋苻堅之不善也。」

太宗顧❸侍臣檢《謝玄傳》，閱之曰：「苻堅甚處是不善？」

靖曰：「臣觀《苻堅載記》❹曰：秦諸軍皆潰敗，唯慕容垂❺一軍獨全，堅以千餘騎赴之，垂子寶勸垂殺堅，不果。此有以見秦師之亂。

慕容垂獨全，蓋堅為垂所陷明矣。夫為人所陷而欲勝敵，不亦難乎！臣故曰無術焉，苻堅之類是也。」

太宗曰：「《孫子》謂多算勝少算❻，有以知少算勝無算，凡事皆然。」

【章　旨】此章批評了前代的將領，指出治兵方法和用兵謀略之重要。

【注　釋】❶片善　小善；小長處。❷謝玄之破苻堅　晉太元八年（西元三八三年），苻堅率百萬大軍南下攻打東晉，東晉將領謝玄率兵八萬抗擊秦軍。雒澗（今安徽淮南東）一戰，晉軍初戰告捷。晉軍進至淝水（淮河支流，今安徽省西北），兩軍隔水對峙。謝玄請苻堅稍向後退，以讓晉軍渡河一決勝負。苻堅想乘晉軍渡河時進行攻擊，即命令軍隊後退。不料秦軍一經後退，立即發生混亂，這時謝玄率精兵渡河猛攻，大破秦軍。謝玄（西元三四三～三八八年），字幼度。陳郡陽夏（今河南太康）人，東晉名將。苻堅（西元三三八～三八五年），字永固。一名文玉，略陽臨渭（今甘肅秦安東南）人，氐族，十六國時期前秦皇帝，西元三五七年至西元三八五年在位。❸顧　回首。❹苻堅載記　見《晉書・卷一一四》。❺慕容垂　（西元三二六～三九六年）鮮卑族，昌黎棘城（今遼寧義縣西北）人，十六國時期後燕的建立者。前燕時封為吳王，後投奔苻堅，助其滅前燕。淝水之戰前秦失敗後，他乘機恢復燕國，定都中山（今河北定縣）。❻多算勝少算　語出《孫子・計篇》。

【語　譯】太宗說：「古人在戰場上相機出動奇兵，出乎意料地攻擊敵人，這也是奇正相變的方法嗎？」

李靖說：「前代的那些戰鬥，多數都是以小智謀勝無智謀，以小長處勝無長處，這又哪裡足以談論兵法呢？像謝玄擊敗苻堅，不是謝玄有什麼長處，而是苻堅太無能了。」

太宗回頭讓侍臣揀出《謝玄傳》，讀了之後說：「苻堅什麼地方做得不對呢？」

李靖說：「臣看到《苻堅載記》上記載著：淝水之戰時，秦各路軍隊都潰敗了，唯有慕容垂這支軍隊獨獨得以保全，當時苻堅帶了千餘騎兵來到慕容垂這兒，慕容垂之子慕容寶勸其父殺掉苻堅，沒有成功。這就可以看出秦軍的混亂。慕容垂獨得保全，苻堅為其所陷害是十分清楚的了。被人所陷害卻還想戰勝敵人，不是太難了嗎！臣所以說所謂沒有智謀，像苻堅這類人就是。」

太宗說：「《孫子》說謀劃多的可以戰勝謀劃少的，由此可知謀劃少的可以戰勝不加謀劃的，所有的事情都是這樣的。」

八

太宗曰：「黃帝兵法，世傳《握奇文》❶，或謂為《握機文》，何謂也？」

靖曰：「奇音機，故或傳為機，其義則一。考其詞云：『四為正，四為奇，餘奇為握機❷。』奇，餘零也，因此音機。臣愚謂兵無不是機，安在乎握而言也？當為餘奇則是。夫正兵受之於君，奇兵將所自出。法曰：『令素行以教其民者，則民服❸。』此受之於君者也。又曰：『兵不豫言❹。君命有所不受❺。』此將所自出者也。凡將，正而無奇，則守將也；奇而無正，則鬥將也；奇正皆得，國之輔也。是故握機、握奇，本無二法，在學者兼通而已。」

【章　旨】本章論好的將領應當「奇正皆得」。

【注　釋】❶握奇文　古兵書名。亦作《握奇經》、《握機經》、《幄機經》。一卷，共三百八十餘字，舊題為黃帝臣風后所撰，漢公孫弘解，晉馬隆述讚，其實為後人所託。❷四為正三句　這三句是解說所謂的握機陣。其大要是：以天、地、風、雲四陣為四正，佈置於四面（一說為四角）；以龍、虎、鳥、蛇四陣為四奇，佈置在四角（一說為四面）；不屬此八陣的「餘奇」部隊，即中軍，由主將親自掌握。❸令素行以教其民者二句　語出《孫子・行軍篇》。❹兵不豫言　出處不詳。豫，預先。❺君命有所不受　語出《孫子・九變篇》。

【語　譯】太宗說：「黃帝的兵法，世代傳下來有《握奇文》，有的人又稱作《握機文》，究竟應是什麼名稱呢？」

李靖說：「奇的音讀作機，所以有人又傳寫作了『機』，它們的意義則是一樣的。考查《握奇文》上說：『四陣為正兵，四陣為奇兵，餘下主將掌握的一陣為握機。』之所以叫『握機』，是由於『奇』，即剩餘兵力之意，主將掌握猶如握住了機樞，因此音『機』。臣愚見以為用兵無時無處不是機會，哪裡能只就握持而言呢？應當理解為利用剩餘兵力相機制變就對了。正兵受命於君主，奇兵則出於將領的臨陣指揮。兵法上說：『平時就要求嚴格貫徹命令以管教士卒，士卒就能養成服從的習慣。』這指的是受命於君主。兵法上又說：『君主對如何用兵不應預先加以約束。君主的命令也有可以不接受的。』這指的是將領自己的隨機應變。大凡一個將領，只會用正兵而不會用奇兵，就只是防衛型的將領；只會用奇兵而不會用正兵，就只是勇鬥型的將領；奇兵和正兵都會用，那就是國家的輔佐之將了。所以，『握機』和『握奇』，本來不是兩種法則，重要的是學習兵法的人要能兼通罷了。」

九

太宗曰：「陳數有九❶，中心零者，大將握之，四面八向，皆取準焉。陳間容陳，隊間容隊。以前為後，以後為前。進無速奔，退無遽走。四頭❷八尾❸，觸處為首❹，敵衝其中，兩頭皆救。數起於五❺，而終於八❻，此何謂也？」

靖曰：「諸葛亮以石縱橫佈為八行❼，方陣之法即此圖也。臣嘗教閱，必先此陣。世所傳《握機文》，蓋得其麤也。」

太宗曰：「天、地、風、雲、龍、虎、鳥、蛇，斯八陣何義也？」

靖曰：「傳之者誤也。古人祕藏此法，故詭❽設八名爾。八陣本一也，分為八焉。若天、地者，本乎旗號；風、雲者，本乎幡❾名；龍、虎、鳥、蛇者，本乎隊伍之別。後世誤傳。詭設物象❿，何止八而已乎？」

【章　旨】此章論握機陣陣法特點及八陣命名之由來。

【注　釋】❶陣數有九　握機陣外有四正四奇，內有主將掌握之中軍，共有九陣。❷四頭　方陣的四面皆可為首。❸八尾　九陣中有一陣遭敵進攻時，其餘八陣即作為尾部。❹觸處為首　敵人來進攻的地方即作為首。❺五　指東、西、南、北及中央五陣。❻八　指東、南、西、北及東北、東南、西南、西北八陣。以上「陣數有九」十七句，語出《握機經》。❼諸葛亮以石縱橫佈為八行　相傳諸葛亮曾經聚石佈成八陣圖形。史籍記載諸葛亮八陣圖練兵的遺址共有三處：一在陝西沔縣，一在四川奉節，一在四川新繁。八行，即諸葛亮的八陣圖。❽詭　欺詐不實。❾幡　旗幟。❿物象　事物的形象。

【語　譯】太宗說：「握機陣有九個小陣，中央的一陣，由大將來掌握，周圍四面八個方向的小陣，都以它的號令為準。大陣之間包容著小陣，大隊中間又包容著小隊。或者以前陣為後，或者以後陣為前。前進時不會快速奔跑，後退時也不至於急急逃走。方陣的四面都可作為頭，當一陣遭敵人進攻時，餘下的八陣即可作為尾，而被攻的一陣就是頭；假如敵人衝擊陣勢的中間，那麼兩頭都可前來救應。握機陣中小陣的數目最少是五個，最多可以變成八個，這怎麼解釋呢？」

李靖說：「諸葛亮曾用石頭縱橫排列佈成八陣圖，方陣的佈法也就是這個陣圖。我過去訓練和考核部隊，一定是先用這個陣法。世人所傳的《握機文》，只得到了它的概況。」

太宗說：「天、地、風、雲、龍、虎、鳥、蛇，這八陣是什麼意思？」

李靖說：「這是流傳者造成的錯誤。古人欲祕藏這一陣法，所以特意欺騙性地設立了八種陣名。八陣本是一個大陣，分成了八個部份。像天、地二陣的命名，是從旗號得來；風、雲二陣的命名，是本於旗幟的名稱；龍、虎、鳥、蛇四陣的命名，是根據了各支隊伍之間的區別。後世誤傳了八陣的名義。真要是不合實情地用各種事物的形象來命名，又哪裡會只有八個名稱呢？」

十

太宗曰：「數起於五而終於八，則非設象，實古制也。卿試陳之。」

靖曰：「臣案黃帝始立丘井之法❶，因以制兵。故井分四道，八家處之，其形『井』字，開方九焉❷。五為陳法，四為間地❸，此所謂『數起於五』也。虛其中，大將居之❹，環其四面，諸部連繞，此所謂『終於八』也。及乎變化制敵，則紛紛紜紜，鬥亂而法不亂，渾渾沌沌❺，形圓而勢不散，此所謂散而成八，復而為一者也。」

太宗曰：「深乎，黃帝之制兵也！後世雖有天智神略，莫能出其閫閾❻。降此孰有繼之者乎？」

靖曰：「周❼之始興，則太公❽實繕❾其法：始於岐都❿，以建井畝；戎車三百兩⓫，虎賁⓬三千人，以立軍制；六步七步，六伐七伐⓭，以教戰法。陳師牧野⓮，太公以百夫致師⓯，以成武功，以四萬五千人，勝紂七十萬眾⓰。周《司馬法》⓱，本太公者也。太公既沒⓲，齊人得其遺法。至桓公⓳霸天下，任管仲⓴，復脩太公法，謂之節制之師㉑，諸侯畢服。」

太宗曰：「儒者多言管仲霸臣而已，殊不知兵法乃本於王制也。諸葛亮王佐之才㉒，自比管、樂㉓，以此知管仲亦王佐也。但周衰時，王不能用，故假㉔齊興師爾。」

靖再拜曰：「陛下神聖，知人如此，老臣雖死，無媿㉕昔賢也。臣請言管仲制齊之法：三分齊國，以為三軍；五家為軌㉖，故五人為伍㉗；十軌為里㉘，故五十人為小戎；四里為連，故二百人為卒㉙；十連為鄉，故二千人為旅；五鄉一師，故萬人為軍。亦由㉚《司馬法》一師五旅、一旅五卒之義焉。其實皆得太公之遺法。」

【章　旨】此章論上古至春秋時期兵制與土地制度及內政的關係。作者將管仲「作內政而寓軍令」的軍事改革原理追溯到黃帝與太公遺法。

【注　釋】❶丘井之法　殷周時代的一種土地制度。丘和井都是分田區域的單位，八家為井，十六井為丘。這種分田方法是國家將土地按井字形畫分為九個區域，中央為公田，外圍八區由八家各受一區為私田。私田不需納稅，但耕者須助耕公田。❷開方九焉　意謂按井字形畫分土地以後，就形成了九個方塊。❸五為陳法二句　在前後左右中五處排列戰鬥隊形以為陣法，在東南、東北、西南、西北四個角上留有四塊空地。❹虛其中二句　意謂空出方陣的中央部位，由大將居中指揮。❺渾渾沌沌　水勢盛大洶湧。此描述部隊的行動。❻閫閾　門檻。引申為範圍、境界的意思。❼周　朝代名。西元前十一世紀周武王滅商後建立，建都於鎬（今陝西長安灃河以東）。周朝又可以分為西周和東周，以西元前七七〇年周平王東遷雒邑（今河南洛陽）之前為西周，平王東遷以後為東周。❽太公　即呂尚。姜姓，呂氏，名望，一說字子牙。西周初年官封太師，也稱師尚父。因輔佐周武王滅商有功，封於齊，為周代齊國的始祖。有太公之稱，俗稱姜太公。現存兵書《六韜》，是戰國時人假託其名所作。❾繕　修補，使完善。❿岐都　周太王古公亶父曾在岐山（今陝西岐山縣東北）之下的周原建都，因名岐都。古籍中「岐」、「歧」通用，故「岐都」、「岐山」又常作「歧都」、「歧山」。⓫兩　通「輛」。⓬虎賁　古代勇士的通稱。謂其勇猛如猛虎奔躍。⓭六步七步二句　前進六步七步以後，就須止步看齊以保持隊形。擊刺最多六、七下以後，就須停止看齊以保持隊形。伐，擊刺。⓮牧野　古地名。在今河南淇縣西南一帶。武王伐殷，最後大敗紂王於此。⓯以百夫致師　用勇士百人為前鋒衝擊敵陣。⓰以四萬五千人二句　紂王由於好酒色，重賦斂，引起百姓怨怒，諸侯叛亂。西元前一二〇七年，周武王聯合各方國部落，出兵伐商。武王率兵車三百乘、虎賁三百人、甲士四萬五千人，出潼關，渡孟津，進至牧野，與紂決戰，結果商軍大量倒戈，紂王兵敗，在鹿臺自焚而亡。商軍七十萬，史書又記為十七萬。紂，一作「受」。商朝的末代君王，即帝辛。⓱司馬法　古兵書名。戰國齊威王時曾追錄整理，今已亡佚大半，僅存五篇及若干佚文。詳見下段解說。⓲沒　通「歿」。死亡。⓳桓公　齊桓公（？～西元前六四三年）。春秋初期齊國國君，姜姓，名小白。西元前六八五年取得政權後，任用管仲實行改革，國力富強，並以「尊王攘夷」相號召，成為春秋時期第一個霸主。⓴管仲　（？～西元前六四五年）即管敬仲。春秋初期著名政治家，名夷吾，字仲，齊國潁上（今安徽潁上）人。輔佐齊桓公成就霸業，尊稱「仲父」。㉑節制之師　訓練有素、紀律嚴明的軍隊。㉒王佐之才　輔佐帝王的才能。㉓樂　樂毅。戰國時燕國名將，中山國靈壽（今河北平山縣東北）人。㉔假　憑藉。㉕媿　同「愧」。㉖軌　古代戶口的一種編制。㉗伍　古代軍隊的一種編制單位。㉘里　居民居處。下「連」、「鄉」意義亦同，只是不同層級的居民編制單位名稱。㉙卒　古代居民的編制或軍隊組織的單位。㉚由　通「猶」。

【語　譯】太宗說：「握機陣中小陣的數目最少是五個，最多可以演變成八個，這可不僅僅是用事物的形象加以命名而成的，確實是古時候的制度。你試著說說這個問題。」

李靖說：「臣查知黃帝最初建立了丘井制度，於是據此設立了軍事制度。所以一井之地用四條道路分開，八家都在其中，它的形狀像個『井』字，一共分成了九塊方地。陣法上大方陣中前、後、左、右、中五處作為佈陣之用，四個角地則作為空地，這就是所謂的陣數最少是五個。空出方陣的中央，大將在這兒居中指揮，而在其四周，則是各支部隊連環相繞，這就是所謂的陣數最多可以變化成八個。這種陣法等到變化起來對付敵人時，人馬紛紜，戰鬥看似混亂而其實法度不亂，聲勢浩大有如大河奔湧，陣形圓轉而氣勢不散，這就是所謂的分散開來可以分成八個小陣，合起來就成為一個大陣了。」

太宗說：「黃帝建立的兵制真深妙啊！後世之人，即便有天生的智慧和神奇的謀略，也不可能超出他的境界了。從這以後，有誰是繼承了黃帝的兵法的呢？」

李靖說：「周朝初興的時候，太公實在是發展完善了黃帝的制度：開始是在岐都，為的是建立起井田制度；用兵車三百輛和勇士三千人，以便建立起軍事制度；規定前進六、七步後就須停步保持隊形，擊刺六、七次以後也須停止以保持隊形，這樣子來教練戰法。在牧野列陣與紂王決戰時，太公用百名勇士先衝擊敵陣，以成就武功，最終用四萬五千人，戰勝了紂王七十萬士眾。周代兵書《司馬法》，本於太公的創制。太公死了以後，齊國人得到了他的遺法。等到齊桓公稱霸天下時，任用管仲，重新整理了太公的法度，他訓練出來的軍隊被稱為『節制之師』，諸侯全都畏服。」

太宗說：「那些儒生多數說管仲只不過是稱霸者的謀臣罷了，卻不知道他的兵法是本於王者的法制。諸葛亮是帝王的輔佐之才，他常常自比於管仲和樂毅，由此可知，管仲也是帝王的佐臣了。只是在周朝已在衰落的時候，周王不能用他，所以他借助齊國興師來匡正天下罷了。」

李靖再拜說：「陛下聖明，知人如此深刻，老臣即便是死了，也無愧於過去的賢人了。臣請求說說管仲在齊國推行的辦法：把齊國民眾分成三部分，以此立為三軍；居民以五家為一軌，所以兵制上以五人為一伍；以十軌為一里，所以五十人為一小戎；以四里為一連，所以二百人為一卒；以十連為一鄉，所以二千人為一旅；以五鄉為一師，所以一萬人為一軍。這種制度同《司馬法》中一師分作五旅、一旅分作五卒的意義一樣。其實這些都來源於太公的遺法。」

十一

太宗曰：「《司馬法》人言穰苴❶所述，是歟？否也？」

靖曰：「案《史記・穰苴傳》，齊景公❷時，穰苴善用兵，敗燕、晉之師，景公尊為司馬❸之官，由是稱司馬穰苴，子孫號司馬氏。至齊威王❹追論古《司馬法》，又述穰苴所學，遂有司馬穰苴書❺數十篇。今世所傳兵家流，又分權謀、形勢、陰陽、技巧四種❻，皆出《司馬法》也。」

【章旨】此章釋兵書《司馬法》之由來。

【注釋】❶穰苴　春秋時齊國大夫。田氏，名穰苴。深通兵法，官司馬，因名司馬穰苴。❷齊景公　（？～西元前四九〇年）春秋時齊國國君。名杵臼，西元前五四七年至西元前四九〇年在位。❸司馬　官名。西周時開始設置，當時為六卿之一，掌管軍政和軍賦。後世司馬之官，其職掌有所變易。❹齊威王　（？～西元前三二〇年）戰國時齊國國君，田氏，名因齊，一作「嬰齊」。西元前三五六年至西元前三二〇年在位。❺司馬穰苴書　指當時整理好的古《司馬法》及附在裡面的司馬穰苴的兵法。定名為《司馬穰苴兵法》，後人又稱《司馬法》。❻今世所傳兵家流二句　《漢書・藝文志・兵書略》著錄漢以前的兵家著作，分為權謀、形勢、陰陽、技巧四家。權謀一家，專門講究權變機謀；形勢一家，專門講究戰勢變化；陰陽一家，專門講究天時迷信；技巧一家，專門講究技能器械。兵家，研究軍事的學者。

【語譯】太宗說：「《司馬法》，人們都說是司馬穰苴所作，是呢還是不是？」

李靖說：「據《史記・司馬穰苴列傳》，在齊景公的時候，穰苴善於用兵，打敗了燕國和晉國的軍隊，齊景公尊封他司馬的官職，由此而被稱為司馬穰苴，他的子孫就號為司馬氏。等到齊威王尋索整理古《司馬法》的時候，又附載了穰苴的兵法，於是就有了《司馬穰苴兵法》數十篇。現今世上所傳兵家流派的著作，又分為權謀、形勢、陰陽、技巧四種，都出自於《司馬法》。」

十二

太宗曰：「漢張良、韓信序次兵法，凡百八十二家，刪取要用，定著三十五家❶。今失其傳，何也？」

靖曰：「張良所學，太公《六韜》、《三略》❷是也；韓信所學，穰苴、孫武是也。然大體不出三門四種而已。」

太宗曰：「何謂三門？」

靖曰：「臣案《太公・謀》八十一篇，所謂陰謀不可以言窮；《太公・言》七十一篇，不可以兵窮；《太公・兵》八十五篇，不可以財窮❸：此三門也。」

太宗曰：「何謂四種？」

靖曰：「漢任宏❹所論是也。凡兵家流，權謀為一種，形勢為一種，及陰陽、技巧二種，此四種也。」

【章旨】此章略論兵法源流及派別。

【注釋】❶漢張良韓信序次兵法四句　語出《漢書・藝文志》。張良（？～西元前一八六年），漢初大臣。字子房，相傳為城父（今河南郟縣東）人。傳說他曾遇圯上老人黃石公，得授《太公兵法》。後投效劉邦，在楚漢戰爭中出謀劃策，多有建樹。漢朝建立後，封為留侯。韓信（?～西元前一九六年），漢初諸侯王。淮陰（今江蘇靖江西南）人。初屬項羽，因不得重用而棄楚投漢，被劉邦任為大將。楚漢戰爭中功勛顯著，漢朝建立，封楚王，後降為淮陰侯。西元前一九六年，被誣告謀反，為呂后所殺。著有《兵法》三篇，今佚。序次，按類別、次序排列。即整理義。❷六韜三略　古代兵書。《六韜》傳為姜太公所著，其實是後人依託，約成書於戰國時期。《三略》傳為周秦之際圯上老人黃石公所著，傳授給張良，其實亦可能為後人依託成篇，確實成書年代不詳，然東漢時已見徵引。❸太公謀八十一篇六句　《漢書・藝文志・諸子略・道家》有載：「《太公》二百三十七篇：《謀》八十一篇，《言》七十一篇，《兵》八十五篇。」原書今已佚。❹任宏　漢成帝時人。曾任步兵校尉，受命校理兵書。

【語　譯】 太宗說：「漢代張良、韓信整理兵法，順次排列為一百八十二家，刪去雜蕪，擇取精要有用的，確定為三十五家。現在都失傳了，為什麼呢？」

李靖說：「張良所學的兵法，就是太公的《六韜》以及黃石公的《三略》；韓信所學的，就是司馬穰苴和孫武的兵法。然而這些兵法大體上都不出於三門四種罷了。」

太宗說：「什麼稱作三門？」

李靖說：「臣考查得《太公・謀》有八十一篇，其中所論的那些陰祕計謀，不可能用言辭來道盡它的意義；《太公・言》有七十一篇，其中所論能言善辯之妙，不可能用武力來完全替代；《太公・兵》有八十五篇，其中所論之用兵方法，不可能用財力來完全代替。這就是三門。」

太宗說：「什麼是四種？」

李靖說：「漢代任宏所論述的就是。凡是兵家著作的流派，權謀是一種，形勢是一種，加上陰陽、技巧二種，這就是四種。」

十三

太宗曰：「《司馬法》首序❶蒐狩❷，何也？」

靖曰：「順其時而要❸之以神，重其事也。《周禮》❹最為大政。成有岐陽之蒐❺，康有酆宮之朝❻，穆有塗山之會❼，此天子之事也。及周衰，齊桓有召陵之師❽，晉文有踐土之盟❾，此諸侯奉行天子之事也。其實用九伐之法❿以威不恪⓫，假之以朝會，因之以巡狩⓬，訓之以甲兵。言無事兵不妄舉，必於農隙，不忘武備也。故首序蒐狩，不其深乎！」

【章　旨】此章論天子蒐狩之意義。

【注　釋】❶序　通「敘」。❷蒐狩　打獵。春獵稱蒐，冬獵稱狩。殷周時代，天子出獵，往往同時也是訓練軍隊的一種活動。❸要　通「徼」。求；取。❹周禮　儒家重要經典之一。原名《周官》，也稱《周官經》。相傳為周公所著，其實為後人所託。雜集周朝王室官制和戰國時代的各國制度，加上儒家的政治理想整理而成，故體制完備而整齊。全書分〈天官〉、〈地官〉、〈春官〉、〈夏官〉、〈秋官〉、〈冬官〉六篇，後〈冬官〉一篇散失，漢時補之以《考工記》。❺成有岐陽之蒐　這句是說周成王曾在岐山的南面進行過春蒐。陽，山的南面。❻康有酆宮之朝　這句是說周康王曾在酆邑田獵以朝會諸侯。酆宮，酆邑之宮。在今陝西長安西南灃河以西。周文王伐崇虎後，自岐山遷都至此。後武王遷都鎬京，酆宮不改，仍是全國政治文化中心。❼穆有塗山之會　塗山相傳為夏禹娶塗山氏及會諸侯之地，其地點說法不一，其中之今安徽懷遠東南一處，當即周穆王田獵並朝會諸侯之地。❽齊桓有召陵之師　西元前六五六年，齊桓公聯合魯、宋、陳、衛、鄭、許、曹等中原諸侯進攻蔡、楚兩國，蔡軍潰敗，楚國遂派大夫屈完與諸侯在召陵結盟，齊國與中原各國的軍隊於是撤退。齊桓，齊桓公。召陵，春秋時楚國地名。舊城在今河南郾城縣東。❾晉文有踐土之盟　西元前六三二年，晉文公以「尊王攘夷」為號召，聯合齊、秦、魯、宋、蔡、鄭、莒、衛各諸侯國的軍隊，與楚軍戰於城濮，楚軍大敗。周襄王親自犒勞晉軍，晉文公於是在踐土修建王宮，迎接襄王，與諸侯會盟，一舉確立了霸主地位。晉文，晉文公（西元前六九七～前六二八年）。春秋時晉國國君，名重耳，西元前六三六年至西元前六二八年在位。在位期間，整頓內政，增強軍隊，使國力強盛，並平定周王朝內亂，迎接周襄王復位，以「尊王」相號召成為春秋五霸中的第二個霸主。踐土，春秋時鄭國地名。故地在今河南原陽西南。❿九伐之法　周王朝用以威懾及制裁違犯王命的諸侯國的約束，規定在九種情況下，可以予以征伐。《司馬法》的原文是：「憑弱犯寡則眚之；賊賢害民則伐之；暴內陵外則壇之；野荒民散則削之；負固不服則侵之；賊殺其親則正之；放弒其君則殘之；犯令陵政則杜之；外內亂禽獸行則滅之。」又見《周禮・夏官・大司馬》。⓫不恪　不恭敬。此即指不奉行周天子的命令。⓬巡狩也作「巡守」。帝王離開國都巡行境內。

【語　譯】太宗說：「《司馬法》一開始便記述關於狩獵的事，這是為什麼？」

李靖說：「順應四時季節而祈求神明予以保祐，說明對這事十分鄭重。所以《周禮》將它列為最重要的國家大事。周朝時期，周成王曾在岐山的南面進行過春獵，康王曾在酆宮田獵並藉以接受諸侯的朝見，而周穆王也有過在塗山田獵並朝會諸侯的事，這些都是屬於天子名份的大事。到了周朝衰落的時候，齊桓公曾以中原各國之師迫使楚國在召陵結盟，晉文公則是在踐土與諸侯會盟，這些都是諸侯在奉行本屬天子職權的事。他們實際上都是用『九伐』的法制來威懾不遵王命的諸侯，借朝會的名義，利用巡狩的機會，或是以武力相訓誡。這些還說明沒有大事，部隊就不要隨意出動，一定要在農閒時節才進行狩獵，同時也不要忘記戰備。所以《司馬法》開首便記述古時蒐狩之事，不是有很深刻的涵義嗎！」

十四

太宗曰：「春秋楚子❶二廣之法❷云：『百官象物而動，軍政不戒而備❸。』此亦得周制歟？」

靖曰：「案《左氏》❹說，『楚子乘廣之十乘』，『廣有一卒，卒偏之兩❺。』軍行右轅，以轅為法❻，故挾轅而戰，皆周制也。臣謂百人曰卒，五十人曰兩，此是每車一乘❼，用士百五十人，比周制差多爾。周一乘步卒七十二人，甲士三人；以二十五人為一甲，凡三甲，共七十五人。楚山澤❽之國，車少而人多。分為三隊，則與周制同矣。」

【章　旨】此章略述了春秋時楚國車戰編制法與周制的異同。

【注　釋】❶楚子　指楚莊王（?～西元前五九一年）。芈姓，名旅，熊繹之後，曾為春秋五霸之一。稱楚子，是因周封建秩序中，有公、侯、伯、子、男五等爵制，對於所謂「蠻夷」的國君，華夏國家常以「子」稱之。❷二廣之法　是當時楚國的一種戰車編制方法。十五乘戰車為一廣。二廣，即三十輛戰車，分為左右二部。❸百官象物而動二句　語出《左傳・宣公十二年》。意謂各級軍官依據旗幟所示的號令行動，軍令不必下達即已完成準備。物，本是旃旗之一種，此借指為旃旗之通稱。軍政，古代常將對軍隊的指揮與號令稱作軍政。戒，敕令。❹左氏　即指《左傳》。因相傳為魯太史左丘明所作，故稱《左氏》，又稱為《左氏春秋》或《春秋左氏傳》。❺廣有一卒二句　語出《左傳・宣公十二年》。這兩句的意思是，每一輛戰車，都配有徒兵一百人（即一卒），再加上卒的一半五十人（即一兩），共計一百五十人。廣，戰車。卒，一百人。偏，一半。兩，五十人。❻軍行右轅二句　每輛戰車的步兵在戰車的右側行動，以車轅的方向為準。❼乘　四匹馬拉的兵車。❽山澤　山林川澤。

【語　譯】太宗說：「春秋時楚莊王的『二廣』之法，有記載說：『各級軍官依據旗幟所顯示的號令行動，軍令不必下達即須整備完成。』這也是出於周朝的制度嗎？」

李靖說：「據《左傳》記載，『楚莊王出動戰車三十輛』，『每輛戰車配有步卒百人，及百人之半五十人。』步兵佈在戰車的右側，行動以車轅的方向為準，所以是倚隨著兵車作戰，這都是周朝的制度。臣以為每百人稱為卒，五十人稱為兩，這兒是每車為一乘，用士卒一百五十人，比較周制相差就很多了。周制一乘戰車配步卒七十二人，甲士三人；以二十五人為一甲，共是三甲，計七十五人。因為楚國是山林川澤之國，所以戰車少而步卒多。而將一乘戰車的兵卒分為三隊，則同周制是一樣的。」

十五

太宗曰：「春秋荀吳伐狄，毀車為行❶，亦正兵歟？奇兵歟？」

靖曰：「荀吳用車法爾，雖舍車而法在其中焉。一為左角，一為右角，一為前拒❷，分為三隊，此一乘法也。千萬乘皆然。臣案《曹公新書》云：攻車❸七十五人，前拒一隊，左、右角二隊；守車❹一隊，炊子十人，守裝❺五人，廄養五人，樵汲五人，共二十五人。攻、守二乘，凡百人。興兵十萬，用車千乘——輕、重二千。此大率荀吳之舊法也。又觀漢魏之間❻軍制：五車為隊，僕射❼一人；十車為師，率長❽一人；凡車千乘，將吏二人；多多倣此。臣以今法參用之，則跳蕩❾，騎兵也；戰鋒隊❿，步騎相半也；駐隊⓫，兼車乘而出也。臣西討突厥，越險數千里，此制未嘗敢易。蓋古法節制，信可重焉。」

【章旨】此章略述了春秋以來車戰編伍法及其與步、騎兵配合作戰之法的一些重要變化，說明了今法乃沿革古法而來。

【注釋】❶荀吳伐狄二句　西元前五四一年，荀吳率軍伐狄（古代北方少數民族），當時晉軍用的是車乘，狄軍用的是步卒，因地形險阨，戰車不便作戰。荀吳採納了部將魏舒捨棄車乘改用步卒的建議，將車兵改編成步兵，大鹵（今山西太原）一仗，大敗狄軍。荀吳，春秋時晉國中行元帥。毀，捨棄。行，步兵。❷一為左角三句　左角右角前拒均是車戰時代習用的軍事術語。角是指戰鬥時突出於陣形的兩翼，如獸之兩角，故稱左角、右角。這種陣形就是戰國《孫臏兵法》所稱的「雁陣」。拒是指方陣。❸攻車　即戰車。又稱輕車。❹守車　即輜重車。又稱重車。❺守裝　看守裝具輜重的士兵。❻閒　同「間」。❼僕射　官名，起於秦代，凡侍中、尚書、博士、郎等官都有僕射，根據所領職事作稱號，意即其中的首長。自東漢起，僕射職權漸重，唐、宋更曾貴為宰相之職。宋以後此名全廢。此處的僕射，意即五車一隊的首長。❽率長　官名。❾跳蕩　隊伍名。意即突襲而克敵制勝。❿戰鋒隊　隊伍名。由騎兵和步兵各半組成。⓫駐隊　隊伍名。由步、騎兵再加上戰車組成。

【語譯】太宗說：「春秋時荀吳率軍伐狄，捨棄戰車而改用步兵作戰，這是正兵呢？還是奇兵？」

李靖說：「荀吳所用的也不過是車戰之法罷了，雖然捨棄了戰車，然而車戰之法仍在其中。以一隊為左角，一隊為右角，一隊作為前衛，共分為三隊，這是一乘戰車的戰法。千乘萬乘車的戰法也都是這樣。根據《曹公新書》中所說：一乘戰車有七十五人，分為前衛一隊，左角和右角各一隊；再加輜重車一隊，中有炊事人員十人，守護裝備的五人，飼養人員五人，砍柴打水的五人，共計二十五人。這樣一輛戰車和一輛輜重車，一共是一百人。所以發兵十萬，就要用車千乘——戰車、輜重車各一千輛。這大體上就是荀吳的舊法。再看漢魏之間的軍制：以五乘車為一隊，設僕射一人；十乘車為一師，設率長一人；大凡用車千乘，就設正副將領各一人；兵車再增多也是做效這個方法。而臣以今法為參照使用古法，則是跳蕩隊，由騎兵組成；戰鋒隊，由步兵和騎兵各一半組成；駐隊，則由步、騎兵再加上車輛組成。臣西討突厥的時候，越過險阻之地有數千里，這種制度也未曾敢改變。這是因為古法有節度法制，的確是值得重視的啊！」

十六

太宗幸靈州迴❶，召靖賜坐曰：「朕命道宗❷及阿史那社爾❸等討薛延陀❹，而鐵勒❺諸部乞置漢官，朕皆從其請。延陀西走，恐為後患，故遣李勣❻討之。今北荒悉平，然諸部蕃❼漢雜處，以何道經久，使得兩全安之？」

靖曰：「陛下敕❽自突厥至回紇❾部落，凡置驛❿六十六處，以通斥候⓫，斯已得策矣。然臣愚，以謂⓬漢戍⓭宜自為一法，蕃落宜自為一法，教習各異，勿使混同。或⑭遇寇至，則密敕主將，臨時變號易服，出奇擊之。」

太宗曰：「何道也？」

靖曰：「此所謂『多方以誤之⑮』之術也。蕃而示之漢，漢而示之蕃，彼不知蕃漢之別，則莫能測我攻守之計矣。善用兵者，先為不可測，則敵乖⑯其所之⑰也。」

太宗曰：「正合朕意，卿可密教邊將。祇以此蕃漢，便見奇正之法矣。」

靖再拜曰：「聖慮天縱，聞一知十，臣安能極其說哉！」

【章　旨】此章論如何部署、訓練和使用番漢部隊，以保邊境穩定與安全。

【注　釋】❶太宗幸靈州迴　唐太宗至靈州，事在貞觀二十年（西元六四六年）。幸，巡幸。舊指皇帝駕臨。靈州，州名。在今寧夏靈武西南，唐時轄境相當於今寧夏中衛、中寧以北地區。迴，同「回」。返回。❷道宗　李道宗（西元六〇〇～六五三年）。唐初大臣，字承範，為唐朝宗室，高祖李淵的堂姪。曾屢敗突厥，封為任城王、江夏王。❸阿史那社爾　（?～西元六五五年）唐初大將。東突厥處羅可汗之次子。阿史那為突厥三字姓，社爾是其名。曾乘西突厥內訌而襲之，取其地之半，自號都布可汗。貞觀十年（西元六三六年）降唐，歷任左驍衛大將軍等職，屢建戰功，曾率軍擊敗高昌、龜茲等國。❹薛延陀　北方古族名和國名。為匈奴別種，由薛部和延陀部合併而成。初屬突厥，唐貞觀三年（西元六二九年），其首領受唐太宗之封，遂助唐滅突厥。貞觀二十年發生內亂背唐，為李道宗等所敗。❺鐵勒　北方古族名。其先匈奴之苗裔為丁零，或譯為「狄歷」、「赤勒」、「敕勒」，皆為「丁零」的音變。唐時稱回紇，宋稱回鶻，元稱畏兀兒，今稱維吾爾，皆為突厥文的音譯。南北朝時，為突厥所併，分屬東、西突厥。其散處於漠北之地者有十五部，以薛延陀、回紇為最著。❻李勣　（西元五九四～六六九年）唐初大將。本姓徐，名世勣，字懋功，曹州離狐（今山東東明東南）人。隋末義軍蠭起時曾參加瓦崗寨起義軍，失敗後降唐，任右武侯大將軍，封曹國公，賜姓李，因避太宗李世民諱，單名勣。曾隨李靖破東突厥，因功改封英國公。❼蕃　舊時指我國西部及西南部的少數民族。亦可作外族通稱，字多作「番」。❽勑　同「敕」。皇帝的詔命。❾回紇　古族名和國名。鐵勒部族之一部。隋時稱韋紇。隋大業元年（西元六〇五年），因反抗突厥壓迫，與僕固、同羅、拔野古等建立聯盟，總稱回紇。唐天寶三年（西元七四四年）破東突厥，建立國家。貞元四年（西元七八八年），回紇可汗請唐改稱為回鶻，元、明時稱畏兀兒。參注❺。❿驛　驛站。古代供過往官員或投遞公文的人途中休息、換馬以及轉運官物的機構。⓫斥候　偵察敵情的人及瞭望敵情的土堡。⓬以謂　因此認為。以，因此。謂，認為。⓭戍　駐守邊境的部隊。⓮或　有時。⓯多方以誤之　語出《左傳・昭公三十年》。意謂使用各種方法來誘使敵人犯錯誤。⓰乖　違背。⓱所之　指本來想要採取的作戰步驟和想要達到的目的。之，往。

【語　譯】太宗巡幸靈州回到京城後，召見李靖，賜坐說：「朕命令道宗和阿史那社爾等討伐薛延陀，而鐵勒各部都要求設置漢官，朕都准了他們的請求。薛延陀向西逃跑後，恐怕會造成後患，所以再派李勣去討伐它。而今北方荒漠地區都已平定，然而各部隊中番漢混雜而處，該用什麼方法才能長期治理，使番漢雙方能相安無事呢？」

李靖說：「陛下下旨自突厥至回紇的部落之間，一共設置了六十六處驛站，以使通訊暢通，這已經是策劃得宜了。然而依臣愚見，以為漢人的戍邊部隊應當有自己的一套方法，番人部落也應當有自己的一套方法，教授訓練各有區別，不要讓它們混同起來。有時遇到敵寇前來進犯，就密令主將，臨時變換旗號，改變服裝，出奇兵打擊敵人。」

太宗說：「這是一種什麼方法？」

李靖說：「這就是所謂『用各種方法以使敵人造成失誤』的戰術。是番兵卻對敵人裝作漢兵，是漢兵卻對敵人裝作番兵，敵人無法區分番漢之兵，就不可能得知我軍的攻守計謀了。善於用兵的人，先製造出各種難以揣摩的假象，敵人在行動上就會背離其初衷而犯錯誤了。」

太宗說：「你說的正合朕意，你可把這種方法祕密教給守邊將領。僅僅通過這種番漢之兵變換旗號服裝的方法，就可以看出用兵上奇正相變的法則了。」

李靖再拜說：「聖上的思慮是上天所賦，聽到一點就能推知十項，臣哪裡能把那道理講得這麼深刻呢！」

十七

太宗曰：「諸葛亮言：『有制之兵，無能之將，不可敗也；無制之兵，有能之將，不可勝也❶。』朕疑此談非極致❷之論。」

靖曰：「武侯❸有所激云爾。臣案《孫子》曰：『教道不明，吏卒無常，陳兵縱橫，曰亂❹。』自古亂軍引勝❺，不可勝紀。夫教道不明者，言教閱無古法也；吏卒無常者，言將臣權任無久職也；亂軍引勝者，言己自潰敗，非敵勝之也。是以武侯言兵卒有制，雖庸將未敗，若兵卒自亂，雖賢將危之，又何疑焉？」

太宗曰：「教閱之法，信不可忽。」

靖曰：「教得其道，則士樂為用；教不得法，雖朝督暮責，無益於事矣。臣所以區區❻古制皆纂以圖者，庶乎❼成有制之兵也。」

太宗曰：「卿為我擇古陳法，悉圖以上。」

【章旨】此章論教練軍隊成有制之兵之重要。

【注　釋】❶有制之兵六句　語出諸葛亮《兵要》。有制，訓練有素。❷極致　最高的造詣。❸武侯　即諸葛亮。參第一節注⑭。❹教道不明四句　語出《孫子・地形篇》。教道，指揮訓練軍隊的原則和方法。❺亂軍引勝　語出《孫子・謀攻篇》。引勝，導致敵人獲勝。❻區區　形容小。❼庶乎　表示希望。

【語　譯】太宗說：「諸葛亮說：『訓練有素的軍隊，哪怕它的將領沒有才能，也不會被打敗；沒有經過嚴格訓練的軍隊，哪怕它的將領很有才幹，也不可能戰勝敵人。』朕懷疑這個說法不是最高明的論斷。」

李靖說：「諸葛武侯只是有所感而這樣說罷了。根據《孫子》所說：『教導不明，吏卒無章可循，兵陣錯雜無序，致使軍隊自亂而失敗，叫做亂。』自古以來，混亂的軍隊引致敵人獲勝，數都數不清。教習之道不明，是說教練和考核時沒有古法的指導；吏卒無常，是說將吏的委任沒有長久之職；亂軍引勝，是說失敗是自己造成，不是由於敵人戰勝了自己。所以武侯說如果士兵都是訓練有素，即便由平庸的將領率領也不會打敗仗，要是士兵們自身都會混亂，即便是有才能的將領帶領，打起仗來也是危險的，這又有什麼可懷疑的呢？」

太宗說：「教練及考核的方法，確實不可以忽視。」

李靖說：「教練得法，士卒就樂於為我所用；教練不得法，即使是早晚督查責備，也是於事無補的。臣之所以將哪怕是很細小的古代兵制內容都纂集成圖，就是希望教練部隊使之成為訓練有素的軍隊。」

太宗說：「你為我選擇自古以來的陣法，全部編纂成圖呈上來。」

十八

太宗曰：「蕃兵唯勁馬奔衝，此奇兵歟？漢兵唯強弩犄角❶，此正兵歟？」

靖曰：「案《孫子》云：『善用兵者，求之於勢，不責於人，故能擇人而任勢❷。』夫所謂擇人者，各隨蕃漢所長而戰也。蕃長於馬，馬利乎速鬥；漢長於弩，弩利乎緩戰。此自然各任其勢也。然非奇正所分。臣前曾述蕃漢必變號易服者，奇正相生之法也。馬亦有正，弩亦有奇，何常之有哉！」

【章旨】此章辨析兵器裝備的不同非即奇兵正兵之所分，指出對番漢部隊當各用其所長。

【注釋】❶犄角　又作「掎角」。意謂分兵牽制或夾擊敵人。犄，拉腿。角，抓角。❷善用兵者四句　語出《孫子・勢篇》。

【語譯】太宗說：「番兵作戰常用勁馬奔衝敵陣，這是奇兵嗎？漢兵作戰常用強弩前後夾擊敵人，這是正兵嗎？」

李靖說：「查《孫子》有言：『善於用兵的人，是從作戰的態勢上去尋求得勝之道，而不是苛求於人，所以能選用不同特長的人，並且利用各種有利的態勢。』所謂選擇不同長處的人，就是順應番漢兵卒的各自特長進行戰鬥。番兵長於騎馬，騎馬利於速戰；漢兵長於用弩，用弩有利於緩戰。這也就是自然順應不同的作戰態勢並加以利用了。然而這不是奇兵、正兵賴以區分之處。臣以前曾說過番漢部隊一定要變更旗號，改換服裝，那才是奇正相生相變的方法。馬戰也有正兵，弩戰也有奇兵，哪有固定不變的呢！」

太宗曰：「卿更細言其術。」

靖曰：「先形之，使敵從之，是其術也。」

太宗曰：「朕悟之矣！《孫子》曰：『形兵之極，至於無形❶。』又曰：『因形以措勝於眾，眾不能知❷。』其此之謂乎？」

靖再拜曰：「深乎！陛下聖慮，已思過半矣。」

【章　旨】此章再細言奇正相生之法。

【注　釋】❶形兵之極二句　語出《孫子・虛實篇》。❷因形以措勝於眾二句　語出《孫子・虛實篇》。措，置放。

【語譯】太宗說：「你再詳細說說奇正相生的方法。」

李靖說：「先做出假象，使敵人被假象所調遣，這就是那種方法。」

太宗說：「朕明白這個道理了！《孫子》上說：『用兵上示形作偽到了極點的時候，就能達到無形無蹤的境界。』又說：『憑藉示形作偽欺騙敵人而取勝，勝利就擺在眾人面前，眾人卻都不能明白。』這也是指那種方法而言吧？」

李靖再拜說：「太深刻了！陛下思慮聖明，考慮得已差不多了。」

十九

太宗曰：「近契丹❶、奚❷皆內屬，置松漠❸、饒樂❹二都督，統於安北都護❺，朕用薛萬徹❻，如何？」

靖曰：「萬徹不如阿史那社爾及執失思力❼、契苾何力❽，此皆蕃臣之知兵者也。因常❾與之言松漠、饒樂山川道路，蕃情逆順，遠至於西域部落十數種，歷歷可信。臣教之以陳法，無不點頭服義。望陛下任之勿疑。若萬徹，則勇而無謀，難以獨任。」

太宗笑曰：「蕃人皆為卿役使！古人云：『以蠻夷攻蠻夷，中國❿之勢也。』卿得之矣。」

【章旨】此章討論了藩鎮統領的任命。

【注釋】❶契丹　古民族名。為東胡族的一支，居今遼河上游西拉木倫河一帶，以游牧為生。北魏時自號為契丹。唐時於其地置松漠都督府，並任契丹首領為都督。西元九一六年耶律阿保機建契丹國，自稱皇帝。後改國號為遼。❷奚　古族名。東胡族。原居遼水上游，柳城西北。漢時稱烏桓，北魏時自號「庫真奚」（一作「庫莫奚」），隋、唐時稱奚。❸松漠　唐朝都督府名。貞觀二十二年（西元六四八年）為契丹部而設置，治所在今內蒙古巴林右旗南，轄境約當今內蒙西拉木倫河流域及其支流老哈河中下游一帶。❹饒樂　唐朝都督府名。貞觀二十二年在奚族地設置，治所在今內蒙古寧城西，轄境約當今內蒙古老哈河上游及河北灤河中上游一帶。❺安北都護　唐朝都護府名。為當時六大都護府之一。治所在今蒙古杭愛山東端，統磧北鐵勒諸部族府州，轄境約當今蒙古及前蘇聯西伯利亞南部一帶。❻薛萬徹　隴右敦煌（今甘肅敦煌）人。隋涿郡太守薛世雄之子，後與其兄薛萬鈞同歸唐。太宗時，以軍功授統軍，進爵武安郡公。曾任右衛將軍、代州都督、右武衛大將軍等職。❼執失思力　原為突厥酋長。執失為複姓，思力則其名。唐貞觀中，護送隋蕭太后入朝，被授以左領軍將軍之職。後因戰功封安國公。❽契苾何力　唐鐵勒部人。契苾族首領哥楞之姪，契苾為氏族名，何力則是其名。貞觀六年（西元六三二年）與其母率部投唐，歷任蔥山道副大總管、右驍衛大將軍、左驍衛大將軍、鎮軍大將軍等職，封郕國公。❾常　通「嘗」。曾經。❿中國　古代「中國」一詞涵義頗廣，此主要指華夏族、漢族地區。

以其在四夷之中而言。

【語 譯】太宗說：「近來契丹和奚兩個部族都已歸順，設置了松漠、饒樂兩都督，隸屬於安北都護府，朕想用薛萬徹擔任都護之職，你覺得怎樣？」

李靖說：「薛萬徹的才能不如阿史那社爾、執失思力以及契苾何力，他們都是番臣中懂得軍事的將領。因為臣曾經同他們談起過松漠、饒樂地帶的山川形勢、道路狀況和番人順逆的情況，乃至於遠及西域的十幾個部落，他們說的都清清楚楚，明白可信。臣又曾教他們陣法，他們沒有不點頭信服的。所以希望陛下任用他們，不要猶疑。至於薛萬徹，則是有勇而無謀，難以獨立擔此大任的。」

太宗笑著說：「番人都要被你驅使了！古人說：用蠻夷來攻蠻夷，這是中國番邦政策的大勢，你可以做到這一點了。」

卷中

【題解】卷中共十七節，涉及內容頗多。本卷有兩處論及奇正：一是開首談及虛實與奇正的關係，指出不知奇正則不能知虛實，頗有新意；二是第十一節論兵家陰陽之妙，仍落實在奇正之變上，簡捷通俗。本卷還論述了如何掌握和增強部隊戰鬥力即「治力」之法以及部隊的編伍和訓練方法問題。陣法的論述在本卷占了較多的篇幅，其中包括八陣圖、六花陣、五行陣等，而尤以六花陣為重點，論述了其源起、主要特點及基本隊法，同時強調陣法的變化是由戰時的地形等具體因素決定的。在第六、八兩節中，對古兵書的某些論點從實戰出發做了闡釋，糾正誤解，賦以新義。另外，對車、步、騎三兵種的配合使用在卷中也有論及。第十三、十四兩節，論恩威關係和將領以誠待人、秉公處事之重要，對將領帶兵有參考價值。最後兩節談到勞佚、主客的轉化關係和鐵蒺藜等的防禦作用，強調的都是「致人」，即掌握作戰主動權。

一

太宗曰：「朕觀諸兵書，無出孫武。孫武十三篇，無出虛實❶。夫用兵，識虛實之勢，則無不勝焉。今諸將中，但能言背實擊虛，及其臨敵，則❷鮮❸識虛實者，蓋不能致人❹而反為敵所致故也。如何？卿悉為諸將言其要。」

靖曰：「先教之以奇正相變之術，然後語之以虛實之形可也。諸將多不知以奇為正、以正為奇，且❺安識虛是實、實是虛哉！」

【章　旨】此章論欲知虛實之形須先明奇正相變之術。

【注　釋】❶虛實　用以表示軍情的一對概念。虛，空虛；虛弱。具體而言，如無準備、力量薄弱、地形不利等等。實，充實；堅實。具體而言，如有準備、力量強大、地形有利等等。❷則　卻；但是。❸鮮　少。❹致人　調動、左右敵人。❺且　又。

【語　譯】太宗說：「朕看過的各種兵書，沒有超過孫武所寫的。孫武的兵書十三篇，論述的內容又沒有比虛實更重要的。用兵時，能看清楚雙方的虛實形勢，就沒有不勝利的。現在各位將領中，多數人只會空談避實擊虛，待到臨戰對敵時，卻又很少有能夠識得虛實的人，這是由於他們不能左右敵人卻反而被敵人所左右之故。你認為怎樣？請你用心盡力地為諸將說說認識虛實的要領。」

李靖說：「可以先教他們奇正相互變化的方法，然後再教他們如何認識虛實的形態。現在諸將多數不懂得以奇為正、以正為奇的方法，又如何能識得虛卻可以是實、實又可能是虛呢！」

太宗曰：『策之而知得失之計，作之而知動靜之理，形之而知死生之地，角之而知有餘、不足之處❶。』此則奇正在我，虛實在敵歟？」

靖曰：「奇正者，所以致❷敵之虛實也。敵實，則我必以正；敵虛，則我必為奇。苟❸將不知奇正，則雖知敵虛實，安能致之哉？臣奉詔，但教諸將以奇正，然後虛實自知焉。」

太宗曰：「以奇為正者，敵意❹其奇，則吾正擊之；以正為奇者，敵意其正，則吾奇擊之。使敵勢常虛，我勢常實。當以此法授諸將，使易曉爾。」

靖曰：「千章萬句，不出乎『致人而不致於人❺』而已，臣當以此教諸將。」

【章　旨】此章進一步論述奇正與虛實的關係。

【注　釋】❶策之而知得失之計四句　語出《孫子・虛實篇》。❷致　了解；調查。❸苟　假如。❹意　揣測；估摸。❺致人而不致於人　語出《孫子・虛實篇》。

【語　譯】太宗說：「『策劃謀算，就可以知道計畫之何得何失；觸動一下敵軍，就可以知道敵人的動靜規律；查明地理情況，就可以知道雙方地形的生死緊要之處；小戰一番，就可以知道敵軍部署的強弱之處。』由此看來，則用奇兵或是正兵的主動權在我，而或虛或實是在於敵方的嗎？」

李靖說：「奇正，是用來了解敵人的虛實的。如果敵人是實的，我就一定要用正兵；如果敵人是虛的，我就一定要用奇兵。假若一個將領不懂得奇正相變之法，那麼即便是知道敵人的虛實，又如何能左右敵人並擊敗它呢？臣奉陛下的詔命，準備只教諸將奇正相變之法，這樣虛實問題他們自然也就明白了。」

太宗說：「以奇為正，就是敵人以為是奇兵，我卻用正兵之法打擊他；以正為奇，就是敵人以為是正兵，我卻用奇兵之法打擊他。這樣來使得敵人常處在虛的態勢中，而我則常處在實的態勢中。應當用這種方法來教授諸位將領，使他們容易理解。」

李靖說：「千章萬句，不外乎『調遣敵人而不被敵人所左右』而已，臣將以此為原則來教授諸將。」

二

太宗曰：「朕置瑤池都督❶以隸安西都護❷，蕃漢之兵，如何處置？」

靖曰：「天之生人❸，本無蕃漢之別。然地遠荒漠，必以射獵而生，由此常習戰鬥。若我恩信撫之，衣食周❹之，則皆漢人矣。陛下置此都護，臣請收漢戍卒，處之內地，減省糧饋❺，兵家所謂治力之法也。但擇漢吏有熟蕃情者，散守堡障❻，此足以經久。或遇有警，則漢卒出焉。」

【章　旨】此章論如何在邊境番鎮安置番漢之兵。

【注　釋】❶瑤池都督　官名。唐貞觀二十三年（西元六四九年），設瑤池都督府於金滿縣（即今新疆阜康），隸安西都護府，以左衛將軍阿史那賀魯為瑤池都督。❷安西都護　官名。安西都護府為唐代六都護府之一，貞觀十四年（西元六四〇年）置，初治西州交河城（今新疆吐魯番西北約五公里處）。顯慶三年（西元六五八年）移治龜茲。龍朔元年（西元六六一年），統轄龜茲、于闐、焉耆、疏勒等安西四鎮及月氏等九十六府州。❸生人　即「生民」。人民。❹周　通「賙」。周濟；救濟。❺糧饋　糧食供應。❻堡障　土築的小城堡。

【語　譯】太宗說：「朕設置了瑤池都督以隸屬於安西都護，番人和漢人部隊，應該如何安置呢？」

李靖說：「天下的民眾，本來並沒有番人和漢人的區別。然而番人既處在邊遠荒漠之地，就一定要靠打獵為生，由此就常常習慣於戰鬥。假如我們能用恩惠和信義撫慰他們，並拿衣服糧食接濟他們，那他們就都可以變得和漢人一樣了。陛下既然設置了安西都護，臣請求集中戍邊的漢兵，把他們移處內地，以減省糧食的供應，這就是兵家說的保持和增強部隊戰鬥力的方法。同時只須在漢人官吏中挑選熟悉番人情況者，讓他們分散守衛邊境的各個城堡，這樣就足以長治久安了。當然一旦碰到邊境有警，就可以出動漢人部隊。」

三

太宗曰：「《孫子》所言治力何如？」

靖曰：「『以近待遠，以佚待勞，以飽待饑❶』，此略言其概爾。善用兵者，推此三義而有六焉：以誘待來，以靜待躁，以重待輕，以嚴待懈，以治待亂，以守待攻。反是則力有弗逮❷。非治力之術，安能臨兵哉？」

太宗曰：「今人習《孫子》者，但誦空文，鮮克❸推廣其義。治力之法，宜徧❹告諸將。」

【章旨】此章論兵家「治力」之法。

【注釋】❶以近待遠三句　語出《孫子‧軍爭篇》。❷逮　及。❸克　能夠。❹徧　古「遍」字。

【語譯】太宗說：「《孫子》所說的保持和增強部隊戰鬥力的方法是怎樣的？」

李靖說：「『用自己軍隊的接近戰場來等待敵人的遠道赴戰，用自己軍隊的整頓休息來等待敵人的奔走疲乏，用自己軍隊的吃飽喝足來等待敵人的肌不飽食』，這只是簡略地說了如何保持和提高部隊戰鬥力的一個大概而已。善於用兵的人，從這三層意思又推出了六種辦法：以誘惑對付來犯的敵人，以冷靜對付急躁的敵人，以穩重對付輕率的敵人，以嚴謹對付懈怠的敵人，以整治對付混亂的敵人，以固守對付進攻的敵人。不這樣做戰鬥力就不夠了。沒有一些保持和提高部隊戰鬥力的方法，又如何能臨陣對敵呢？」

太宗說：「當今學習《孫子兵法》的人，只會背誦一些空洞的條文，很少有能夠推廣其中精義的。保持和增強部隊戰鬥力的方法，應當普遍地告知各位將領。」

四

太宗曰：「舊將老卒，凋零❶殆❷盡，諸軍新置，不經陣敵，今教以何道為要？」

靖曰：「臣常教士，分為三等：必先結伍法❸，伍法既成，授之軍校❹，此一等也；軍校之法，以一為十，以十為百❺，此一等也；授之裨將❻，裨將乃總諸校之隊，聚為陳圖，此一等也。大將察此三等之教，於是大閱❼，稽考❽制度，分別奇正，誓❾眾行罰，陛下臨高觀之，無施❿不可。」

【章　旨】此章述教練部隊之「三等」之法。

【注　釋】❶凋零　此指人事衰落。❷殆　幾乎。❸伍法　古代編制和訓練部隊的基本單位。周代軍制以五人為伍，歷代多相沿襲。❹軍校　擔任輔助之職的軍官。❺以一為十二句　明劉寅《武經七書直解》云：「以一伍為十伍，以十伍為百伍，謂合十伍而一之，聚百伍而十之。」❻裨將　副將。❼大閱　對軍隊的大檢閱。❽稽考　考核。❾誓　告誡將士的約束之辭。此作動詞。❿施　施為；施行。

【語　譯】太宗說：「朕的舊將老卒，或死或傷已所剩無幾了，現有的幾支部隊都是新建立的，沒有經過臨陣對敵作戰，如今要訓練他們，用什麼方法是最緊要的呢？」

李靖說：「臣曾經教練過部隊，是分作三個階段進行的：首先必須編成五人一伍進行伍法訓練，伍法練成了，再把隊伍交給軍校訓練，這是一個階段；軍校訓練的方法，是把十伍合併成一伍，把百伍合併成十伍進行訓練，這又是一個階段；再接下去就是交給副將，副將於是總合各軍校的隊伍，集中起來進行陣法訓練，這又是一個階段。大將軍審察這三個階段的訓練都完成了，於是進行大檢閱，考核各種制度，區別奇兵、正兵的運用及變化，告誡將士要以刑罰懲戒有罪之人，而陛下則可以登高檢閱，就會看到沒有一種陣法操練變化是不可以的。」

太宗曰：「伍法有數家，孰者為要？」

靖曰：「臣案《春秋左氏傳》云『先偏後伍❶』；又《司馬法》曰五人為伍❷，《尉繚子》有束伍令❸，漢制有尺籍❹伍符❺。後世符籍以紙為之，於是失其制矣。臣酌其法，自五人而變為二十五人，自二十五人而變為七十五人——此則步卒七十二人、甲士三人之制也。捨車用騎，則二十五人當八馬，此則五兵五當❻之制也。是則諸家兵法，唯伍法為要。小列之五人，大列之二十五人，參❼列之七十五人。又五參其數，得三百七十五人，三百人為正，六十人為奇❽。此則百五十人分為二正，而三十人分為二奇，蓋左右等也❾。穰苴所謂『五人為伍，十伍為隊』，至今因之，此其要也。」

【章　旨】此章釋「伍法」及其演變。

【注　釋】❶先偏後伍　語出《左傳・桓公五年》。杜預注引《司馬法》曰：「車戰二十五乘為偏。」當時周桓王率蔡、衛、陳等諸侯伐鄭，鄭莊公拒之，從子元之請，設魚麗之陣，「先偏後伍，伍承彌縫」。意即戰車在前，步兵在後，利用車乘間的間隙作戰，並彌補闕漏。❷五人為伍　即五個人編為一伍。今本《司馬法》無此句，但杜佑《通典・卷一四八》：「司馬穰苴曰：五人為伍，十伍為隊。」❸束伍令　約束隊伍的法令。見《尉繚子・束伍令第十六》。❹尺籍　書寫軍令的尺書。❺伍符　軍中各伍互相作保的符信。❻五兵五當　《司馬法・定爵第三》云：「凡五兵五當，長以衛短，短以救長。」五兵，即弓矢、殳、矛、戈、戟五種長短兵器。作戰時，弓矢、殳、矛是長兵器，要掩護短兵器；戈、戟是短兵器，要補救長兵器的不足。此處李衛公謂騎兵作戰時，以八馬為一伍，相當於步卒二十五人，是指出在車、步、騎不同兵種編制內，伍法各有其不同運用。❼參　通「三」。❽三百人為正二句　《直解》曰：「三百人為正，六十人為奇，餘十五人則每車甲士三人，五車共一十五人也。三百六十人分為奇正，但言其卒而不言其將也。」❾此則百五十人分為二正三句　《直解》曰：「左二正用一百五十人，二奇用三十人；右二正亦用一百五十人，二奇亦用三十人，共三百六十人也。是小列之七十五人為一正，十五人為一奇；大列之三百人為一正，六十人為一奇也。」

【語　譯】太宗說：「編伍的方法有好幾家，哪一家是最重要的？」

李靖說：「臣查《春秋左氏傳》中記載說『先偏後伍』；又《司馬法》中說五人為伍，而《尉繚子》中則有約束隊伍法令的記載，漢朝制度中還有書寫軍令的尺書和軍中伍伍互相作保的符信。後世的符信簿冊都是用紙寫就的，於是這種制度的內容就不得其詳了。臣酌量這些方法，由五人而變成二十五人，又從二十五人而變成為七十五人——這就是古時一輛戰車有步卒七十二人、甲士三人的制度。如果放棄戰車而用騎兵，那麼二十五人可相當於八騎，這就是《司馬法》中『五兵五當』的制度。所以各家的兵法，唯有伍法是最為重要的。伍法，小的排列是五人，大的排列是二十五人，三個大排列就是七十五人了。再五倍三個大排列，就是三百七十五人，其中三百人為正兵，六十人為奇兵。這就是說左右都用一百五十人分為二正，而用三十人分為二奇，因為左右兩邊的兵力部署是相等的。司馬穰苴所說的『五人結為一伍，十伍結為一隊』之法，至今仍在沿用著，這就是伍法的要旨了。」

五

太宗曰：「朕與李勣論兵，多同卿說，但勣不究出處爾。卿所制六花陳法❶，出何術乎？」

靖曰：「臣所本諸葛亮八陳法也。大陳包小陳，大營包小營，隅落鉤連，曲折相對❷，古制如此。臣為圖因之，故外畫之方，內環之圓❸，是成六花，俗所號爾。」

太宗曰：「內圓外方，何謂也？」

靖曰：「方生於正，圓生於奇。方所以矩❹其步，圓所以綴其旋，是以步數定於地，行綴應乎天，步定綴齊，則變化不亂。八陣為六，武侯之舊法焉。」

【章　旨】此章述六花陣之源起及主要特點。

【注　釋】❶六花陣法　根據諸葛亮八陣圖演變而成。今《武備志・卷六〇》尚載有李靖六花陣圖。見附圖五至十四。《直解》曰：「李靖六花陣即七軍陣也。七軍是每軍七陣，七陣七七四十九小陣也。」它由方陣變為內圓外方，由八陣變為六陣，加上中軍一陣，即為七軍陣。其中軍一陣為奇兵，共七隊；外圍六軍為正兵，分為左右虞候各一軍，左右廂各二軍，每軍七隊，六軍共四十二隊。六花陣根據地形與需要，可作方、圓、曲、直、銳等各種陣形的變化。❷隅落鉤連二句　意謂六花陣內各個小陣之間互相銜接、策應而無破綻。隅，指陣的四面。落，指陣的四角。鉤連，指各陣相連環繞而不間斷。曲折，指各小陣的轉彎和交叉之處。相對，指轉彎和交叉之處互相對稱，勻整而秩序井然。❸外畫之方二句　《直解》曰：「外畫之方，八陣之舊也；內環之圓，六花之變法也。」❹矩　畫直角或方形用的曲尺。此作動詞。意謂使步法中規中矩，整齊而有法度。

【語　譯】太宗說：「朕與李勣談論兵法，他說的有很多同你說的相同，只是李勣不深求出處罷了。

你所制訂的六花陣法，是從什麼陣法變來的呢？」

李靖說：「臣的六花陣法，本自於諸葛亮的八陣法。大陣之中包容著小陣，大營之中包含著小營，各個小陣之間，四邊四角相互鉤連，而一曲一折，轉彎交叉之處又互相對稱，古八陣法就是如此。臣作陣圖，承襲了古八陣法，所以外面六角鼎立，畫作方形，裡面卻連環相繞，成為圓形，這就構成了六個花瓣的形狀，六花陣，只是俗稱而已。」

太宗說：「這陣法內圓而外方，是什麼意思？」

李靖說：「所謂『方』，是由外陣的正兵決定的；所謂『圓』，是由內陣的奇兵決定的。方，是用來整齊各陣的步法；圓，是用來聯綴各陣使其圓轉而不斷。所以，步法要像大地一樣方正齊整，各陣之間的聯綴要像天體一樣圓轉靈活，步法一定，陣形整齊，就可以千變萬化而不亂。從八陣法變為六花陣，依然是諸葛武侯的舊法呢。」

太宗曰：「畫方以見步，點圓以見兵，步教足法，兵教手法，手足便利，思過半乎？」

靖曰：「吳起云：『絕而不離，卻而不散❶。』此步法也。教士猶布棊❷於盤，若無畫路，棊安用之？孫武曰：『地生度，度生量，量生數，數生稱，稱生勝。勝兵若以鎰稱銖，敗兵若以銖稱鎰❸。』皆起於度量方圓❹也。」

太宗曰：「深乎！孫武之言。不度地之遠近、形之廣狹，則何以制其節❺乎？」

靖曰：「庸將罕能知其節者也。『善戰者，其勢險，其節短，勢如彍弩，節如發機❻。』臣修❼其術，凡立隊，相去各十步，駐隊❽去前隊二十步，每隔一隊立一戰隊❾。前進以五十步為節。角一聲，諸隊皆散立，不過十步之內；至第四角聲，籠槍❿跪坐。於是鼓之，三呼三擊，三十步至五十步以制敵之變。馬軍從背出，亦五十步臨時節止。前正後奇，觀敵如何。再鼓之，則前奇後正，復邀敵來，伺隙⓫擣虛⓬。此六花大率皆然也。」

【章　旨】此章指出度量計算和籌劃的重要，介紹了六花陣的基本隊法。

【注　釋】❶絕而不離二句　語出《吳子・治兵第三》。❷棊　「棋」的本字。也作「碁」。❸地生度七句　語出《孫子・形篇》。地，地形的遠近、險易、廣狹等。度，分、寸、尺、丈等。此謂地形有不同，故安營佈陣等，必須度量地形。量，升、斗、斛等。此指以斗斛酌量的糧餉供應之數量。數，百、千、萬等。此指投入兵力的數量。稱，對雙方力量強弱的比較、衡量。勝，由衡量而預見到的勝負結果。鎰（通作「溢」）、銖，都是古代衡制中的重量單位。二十四兩（一說二十兩）為一鎰，二十四分之一兩為一銖。鎰之重是銖的五百七十六倍（或四百八十倍），此用以說明雙方力量對比懸殊。❹方圓　本指物體的形體，此指作戰雙方面對的各種地形因素。❺節　距離；節奏。兩義密切相關，如距敵愈近，則攻擊時愈迅速突然，節奏就愈快。❻善戰者五句　語出《孫子・勢篇》。彍，同「彉」。拉滿弓。機，弩機。❼修　修習。❽駐隊　處第二線的隊伍。❾戰隊　《直解》：「疑即前所謂戰鋒隊，步騎相半者也。」❿籠槍　懷抱著槍。⓫伺隙　窺伺可乘之機。⓬擣虛　乘敵空虛懈怠而施行打擊。擣，即「搗」。

【語　譯】太宗說：「外面畫作方形以顯示進退的步數，裡面環成圓形以顯示各種兵器的運用，步數用來教練足法，兵器用來教練手法，如果手足都便利了，訓練士兵、陣法等問題就可說是已考慮到大半了吧？」

李靖說：「吳起說：『雖被隔絕而陣形不變，雖然退卻但行列不散。』這就是指的步法了。教練士兵，就好比在棋盤上布棋子，如果沒有畫好的線路，棋子又怎麼下呢？孫武說：『地形有遠近廣狹等的不同，就生出了度量的需要；度量了地形的遠近廣狹，就需要估計糧餉供應的數量；根據這種估量，又可以估算出需投入多少兵力；從雙方投入兵力的多少，又可以對彼我力量的強弱進行比較衡量；而通過衡量，自然就可以預見到戰爭的勝負結果了。勝利的軍隊，在力量對比上，就好比是用鎰稱銖；失敗的軍隊，在力量對比上，則好比是用銖稱鎰。』無論是勝或負，都起始於對地形的度量和考慮。」

太宗說：「孫武的話多麼深刻啊！不度量距離的遠近、地形的廣狹，那又怎麼控制戰鬥的節奏呢？」

李靖說：「平庸的將領很少有能懂得節奏的。『善於打仗的人，他所造成的作戰態勢是險峻的，他行動的節奏是短促的；態勢就像張滿的弓，節奏就像擊發弩機。』臣修習了孫武勢險節短的方法，凡是部署隊伍，各隊之間相距各十步，第二隊離前隊二十步，每隔一隊設立一支戰鋒隊。前進時以五十步為準。吹第一聲角時，各隊都分散而立，距離各不超過十步；到第四次角聲時，就抱槍蹲坐於地。於是又擊鼓，各隊三次吶喊，三次攻擊，在三十步至五十步距離內制服敵人的變化。馬軍從背後出擊，也是在五十步以內相機節止。先是前用正兵，後用奇兵，以觀察敵人動靜如何。再次擊鼓，則是奇兵在前，正兵在後，再把敵人挑動出來，窺測到有可乘之機，就及時打擊敵人的虛弱之處。這六花陣法的變化大體上都是這樣的。」

六

太宗曰：「《曹公新書》云：『作陳對敵，必先立表，引兵就表而陳。一部受敵，餘部不進救者斬❶。』此何術乎？」

靖曰：「臨敵立表，非也。此但教戰時法爾。古人善用兵者，教正不教奇，驅眾若驅群羊，與之進，與之退，不知所之❷也。曹公驕而好勝，當時諸將奉《新書》者，莫敢攻其短。且臨敵立表，無乃❸晚乎？臣竊❹觀陛下所製《破陣樂舞》❺，前出四表❻，後綴八幡，左右折旋，趨❼步金鼓，各有其節，此即八陣圖四頭八尾之制也。人間但見樂舞之盛，豈有知軍容❽如斯焉！」

太宗曰：「昔漢高帝❾定天下，歌云：『安得猛士兮守四方❿！』蓋兵法可以意授，不可以語傳，朕為《破陣樂舞》，唯卿已曉其表⓫矣。後世其⓬知我不苟作也。」

【章　旨】此章指出了對古兵書之記載要分析其是否切合實戰。

【注　釋】❶作陣對敵五句　語見《曹操集・步戰令》。表，標幟；標記。例如表木。就，趨向；接近。此意為按照、遵循。❷之　往。❸無乃　又常作「毋乃」。用於表推測性的問句，猶今言「只怕」。❹竊　自稱的謙詞。❺破陣樂舞　唐代宮廷樂舞名。在唐初時有《秦王破陣樂曲》，是李世民為秦王時的作戰用軍樂。至貞觀七年，唐太宗製訂《秦王破陣樂舞圖》，使呂才協音律，魏徵、虞世南等製歌詞，以討叛為主題，歌頌太宗征伐四方的武功，其舞式像戰陣之形。後更名為《七德之舞》。所謂「七德」，本於《左傳・宣公十二年》所說的禁暴、戢兵、保大、定功、安民、和眾、豐財七種武德。❻表　此指《破陣樂舞》中所用的旌旗類的東西。❼趨　疾走；跑。❽軍容　軍隊的儀容。❾漢高帝　（西元前二五六或前二四七～前一九五年）即漢高祖劉邦，西漢王朝的建立者。字季，秦末沛縣（今屬江蘇）豐邑人。曾任泗水亭長。秦二世元年（西元前二〇九年），陳涉、吳廣起義反秦，劉邦亦起兵於沛，號為沛公。初屬項梁，後與項羽領導的義軍同為反秦主力。西元前二〇六年，率軍攻占咸陽，推翻秦朝統治，與關中父老約法三章，廢除秦苛法。同年項羽入關，封其為漢王。於是劉邦先定三秦，然後與項羽爭戰，歷五年之楚漢戰爭，終於西元前二〇二年打敗項羽，即皇帝位，國號漢。❿安得猛士兮守四方　此為漢高祖西元前一九五年所作之〈大風歌〉的最末一句。⓫已曉其表　《直解》：「已曉其言意之表矣。」意謂領會到《破陣樂舞》所表露的修武備而安邦國之深意。⓬其　表測度語氣。恐怕；大概。

【語譯】 太宗說：「《曹公新書》上說：『佈陣對敵，一定要先設立標識，帶部隊依標識所示而佈陣。如一部受到敵人攻擊，其餘部隊不前往救援的，斬首。』這是什麼方法呢？」

李靖說：「臨陣對敵才設立標識，是不對的。這只是平素教戰時的方法罷了。古代善於用兵的人，只教正兵的戰法，不教奇兵的戰法，指揮士眾就像驅趕群羊，和他們一起前進，和他們一起後退，眾人並不知道要往哪兒去。曹公驕傲而好勝，在當時奉行《新書》的各位將領，沒有一個人敢於指摘它的短處。況且臨陣對敵時才設立標識，只怕也太遲了吧？臣看陛下所製作的《破陣樂舞》，前面打出四面旌旗，後面又裝飾有八面旗幟，左右曲折旋轉，疾走緩行，鳴金擊鼓，各有自己的節奏，這就是八陣圖四頭八尾的法度。世間只看到這樂舞的盛況，哪裡有人知道軍隊佈陣時的儀容就是這樣的呢！」

太宗說：「從前漢高祖平定天下後，曾作〈大風歌〉道：『哪裡去求得猛士啊來守衛天下！』兵法可以以意授而使人神融意會，而不可以只以言語傳人，朕製作《破陣樂舞》，只有你已經領會到了其中的深意。後世之人，大概也會明白我不是隨隨便便製作的吧。」

七

太宗曰：「方色五旗❶為正乎？旛麾❷折衝❸為奇乎？分合為變，其隊數曷為得宜？」

靖曰：「臣參用古法，凡三隊合，則旗相倚而不交❹；五隊合，則兩旗交；十隊合，則五旗交。吹角，開五交之旗，則一復散而為十；開二交之旗，則一復散而為五；開相倚不交之旗，則一復散而為三。兵散，則以合為奇；合，則以散為奇。三令五申❺，三❻散三合，然❼復歸於正，四頭八尾乃可教焉。此隊法所宜也。」

太宗稱善。

【章　旨】此章釋隊法之分合變化。

【注　釋】❶方色五旗　是說在上述五個方位上，分別使用五種顏色的旗幟。即東方青色，南方赤色，西方白色，北方黑色，中央黃色。方，方向；方位。此指東、南、西、北、中五個方位。色，顏色。此指青、赤、白、黑、黃五種顏色。❷旛麾　都是旗幟。而麾專指作指揮用的旌旗之類。此作動詞。意謂用各種各樣的旗幟進行指揮。❸折衝　使敵人的戰車後退。即擊退敵軍。折，挫敗。衝，衝車。戰車的一種。❹交　合攏。❺三令五申　再三告誡。❻三　數詞。多次。❼然　猶「乃」。於是。

【語　譯】太宗說：「給五個方位的隊伍配以五種顏色的旗幟，這是正兵嗎？用各種各樣的旌旗變換指揮以擊退敵軍，這是奇兵嗎？部隊作分合變化，隊法怎樣才是合適的呢？」

李靖說：「臣參酌運用了古法，凡是三隊合而為一，則旗幟相靠而不合攏；五隊合而為一，則兩旗合攏；十隊合而為一，則五旗全部合攏。吹角一聲，分開合攏的五旗，則一隊又分散為十隊；分開合攏的兩旗，則一隊又分散為五隊；分開相靠而不合攏之旗，則一隊又分散為三隊。兵力分散時，就以集中作為奇兵；兵力集中時，就以分散作為奇兵。通過三令五申，使部隊多次分散、多次集中，於是再回到正兵的演練，四頭八尾的八陣圖陣法就可以教練了。這就是隊法變化所宜採用的方法。」

太宗稱贊好。

八

太宗曰：「曹公有戰騎、陷騎、遊騎❶，今馬軍何等❷比乎？」

靖曰：「臣案《新書》云：戰騎居前，陷騎居中，遊騎居後。如此則是各立名號，分為三類爾。大抵騎隊八馬當車徒❸二十四人，二十四騎當車徒七十二人，此古制也。車徒常教以正，騎隊常教以奇。據曹公，前後及中分為三覆❹，不言兩廂❺，舉一端言也。後人不曉三覆之義，則戰騎必前於陷騎、遊騎，如何使用？臣熟❻用此法，回軍轉陳，則遊騎當前，戰騎當後，陷騎臨變而分，皆曹公之術也。」

太宗笑曰：「多少人為曹公所惑！」

【章旨】此章通過論「三覆」之義，指出當靈活運用前人經驗。

【注釋】❶戰騎陷騎遊騎　戰騎是對敵人施行衝鋒的騎兵。陷騎是利用戰騎的戰果，突入敵陣的騎兵。遊騎是擔任待命應援、警戒防衛等機動任務的騎兵。❷等　類。❸車徒　配屬於兵車的步卒。❹三覆　此指部隊的前、中、後三部份。作戰時前後序列可以根據需要靈活變化。❺兩廂　此指部隊的左右兩翼。❻熟　意謂熟習而靈活。

【語譯】太宗說：「曹公分騎兵為戰騎、陷騎和遊騎三種，現在的騎兵哪些類可以與之相比呢？」

李靖說：「臣按查《新書》中有記載說：戰騎在前面，陷騎位於中間，遊騎在後面。這樣，就是各自立有名稱，分成三類罷了。大體上騎兵隊每八騎相當於兵車步卒二十四人，每二十四騎相當於兵車步卒七十二人，這是古時候的制度。兵車步卒常常教他們以正兵戰法，騎兵隊則常常教他們以奇兵戰法。根據曹公所述，騎兵分為前後及中三個部份，但他沒有提到左右兩翼，那只是就一種部署而言的。後世之人不懂得這種三部份分法的真正意義，於是戰騎一定要部署在陷騎、遊騎的前面，那又如何使用呢？臣活用這種分法，在回軍轉移陣地時，就讓遊騎在前，戰騎居後，陷騎臨時依據情況的變化而分配使用，這些都是曹公的方法。」

太宗笑著說：「有多少人被曹公所迷惑了啊！」

九

太宗曰：「車、步、騎三者一法也，其用在人乎？」

靖曰：「臣案春秋魚麗陳先偏後伍❶，此則車、步無騎，謂之左右拒❷，言拒禦而已，非取出奇勝也。晉荀吳伐狄，捨車為行❸，此則騎多為便，唯務奇勝，非拒禦而已。臣均其術，凡一馬當三人，車、步稱❹之，混為一法，用之在人，敵安知吾車果❺何出，騎果何來，徒果何從哉？或潛九地❻，或動九天❼，其知❽如神，唯陛下有焉，臣何足以知之！」

【章　旨】此章論車、步、騎三兵種的靈活運用。

【注　釋】❶魚麗陳先偏後伍　魚麗陣為春秋時鄭莊公抵抗周桓王進攻時所創。其法是將左右兩軍佈成兩個方陣，鄭莊公在中軍，三軍排成一個倒「品」字形的陣勢。二十五乘戰車為一偏。各軍有五偏，各偏以兵車居前，步卒在後，利用戰車的間隙作戰，並彌補各偏間的闕漏。因此整個陣形是兵車與步卒密切配合，呈魚網狀。又參本卷第四節第二章注❶。❷左右拒　即左右兩個方陣。鄭莊公佈魚麗陣時，命祭仲一部為左拒，抵擋周桓王的右軍；命曼伯所部為右拒，抵擋周桓王的左軍；鄭公自己則在中軍指揮。拒，通「矩」。杜預注《左傳》：「拒，方陣。」❸晉荀吳伐狄二句　參見卷上第十五節注❶。❹稱　相當；符合。此謂相應地搭配。❺果　到底；終於。❻潛九地　語出《孫子‧形篇》。意謂極其深密地隱藏自己的力量。九地，地下最深處。❼動九天　語出《孫子‧形篇》。意謂極其高明地發揮自己的威力。九天，天之最高處。❽知　通「智」。

【語　譯】太宗說：「戰車、步兵和騎兵，三者的運用方法是一樣的，那麼運用的好壞與否，在於使用它們的人嗎？」

李靖說：「臣根據春秋時魚麗陣戰車在前、步卒在後的記載來看，這是有戰車、步兵而沒有騎兵，稱之為『左拒』和『右拒』，只是說用方陣抵禦而已，並非取出奇制勝之意。晉國的荀吳討伐狄人時，捨棄戰車而改用步戰，這卻是騎兵多了就便利於作戰，只是用心於出奇制勝，而不是僅僅抵禦而已。臣綜合這些方法，大致以一個騎兵相當三個步卒，戰車和步兵適當相配，三者混合編組置於統一的指揮模式下，而其運用之妙在於指揮的人，這樣，敵人又怎能知道我軍的戰車到底從哪兒衝出，騎兵到底從哪兒襲來，步兵又到底會殺向哪裡呢？至於或者像潛藏於地底深處那樣極深密地隱藏力量，或者像活動於九天之上那樣極高明地發揮威力，其智謀有如神靈般妙不可測，只有陛下有此才能，臣又哪裡能懂得其中之奧妙呢！」

十

太宗曰：「太公書❶云：『地方六百步❷，或六十步，表十二辰❸。』其術如何？」

靖曰：「畫❹地方一千二百步，開方❺之形也。每部占地二十步之方❻，橫以五步立一人，縱以四步立一人。凡二千五百人，分五方，空地四處，所謂陳間容陳者也。武王伐紂，虎賁各掌三千人，每陳六千人，共三萬之眾。此太公畫地之法也。」

【章 旨】此章釋太公畫地佈陣之法。

【注 釋】❶太公書 即太公兵法。已失傳。今存傳為太公所作的兵書《六韜》中無此文。❷步 長度名。其制歷代不一致：周以八尺為步；秦以六尺為步；後世亦有以五尺、四尺為步的。❸十二辰 指自子至亥十二時辰。即子、丑、寅、卯、辰、巳、午、未、申、酉、戌、亥。❹畫 畫分。❺開方 此指四邊長度相等。即各為三百步的正方形。❻二十步之方 此「二十步」恐誤，當為「一百步」。如此方能橫向五步一人，縱向四步一人，一部占地為邊長各一百部之正方形，共可站立五百人，一個大陣中共有五部，容納士卒二千五百人，與下文相合。因乏校勘依據，姑仍其舊。

【語 譯】太宗說：「姜太公的兵書上說：『在地上畫分出方陣，每邊長六百步，或者六十步，標以十二時辰的順序。』他的方法到底怎樣？」

李靖說：「在地上畫分出周長為一千二百步的方陣，是一個四邊相等的正方形。陣中每部占有縱橫向均為二十步的方地，橫向每五步立一人，縱向每四步立一人。整個大陣共二千五百人，分佈成五個這樣的小方陣，空出四個角地，這就是所謂的陣中有陣。武王討伐殷紂王時，虎賁之士各掌管三千人，每陣六千人，五陣共三萬人。這就是太公畫地佈陣的方法。」

太宗曰：「卿六花陣畫地幾何？」

靖曰：「大閱地方千二百步者，其義六陣，各占地四百步，分為東西兩廂，空地一千二百步，為教戰之所❶。臣常教士三萬，每陣五千人，以其一為營法❷，五為方、圓、曲、直、銳之形❸，每陣五變，凡二十五變而止。」

【章　旨】此章釋六花陣畫地教戰之法。

【注　釋】❶大閱地方千二百步者六句　意謂整個大陣是邊長各為四百步的大方地，中間用「井」字法分為九個相等的小方地，東西兩邊共六個小方地排列六陣，空出中間一條地帶共三個小方地，每個小方地周長為四百步，三個共一千二百步，作為教戰的場所。❷營法　即駐營之法。包括營地、營制、營兵、營規等。❸方圓曲直銳之形　如下文所云，是根據不同地形而變化的五種陣形。

【語　譯】太宗說：「你的六花陣畫地又是多少？」

李靖說：「大檢閱時畫出周長一千二百步的方地，其內容是共有六陣，各占周長為四百步的方地，六陣分為東西兩邊，中間空出一千二百步的地方，用作教戰的場所。臣曾教練士卒三萬人，六陣每陣五千人，用其中的一陣演練駐營之法，另五陣分別演練方、圓、曲、直、銳五種陣形，每一陣可變化五次，五陣共變化二十五次。」

太宗曰：「五行陣❶如何？」

靖曰：「本因五方色❷立此名。方、圓、曲、直、銳，實因地形使然。凡軍不素習此五者，安可以臨敵乎？兵，詭道也❸。故強名五行焉，文❹之以術數❺相生相克❻之義。其實兵形象水，因地制流❼，此其旨也。」

【章　旨】此章釋五行陣之真義。

【注　釋】❶五行陣　是以五行表示方位的戰陣：水位西北，火位東南、金位西南，木位東北，土位中央，五陣依五方而佈之。五行陣相傳為姜太公所創，不足憑信。五行，古代稱構成各種物質的五種元素：水、火、木、金、土。❷五方色　古代常將五方配以五種不同的顏色，如青色配東北，赤色配東南，白色配西南，黑色配西北，黃色配中央。自然五色也可以與五行相配，如青色配木等等。戰時就用五種顏色的旗幟代表五個方位，指揮佈陣。❸兵詭道也　語出《孫子・計篇》。詭是奇異詭譎、詭計多端的意思。孫子的意思是說用兵是一種奇譎詭詐的行為，但這並不是一個道德上的問題。❹文　文飾。❺術數　古代術數家用陰陽五行生剋制化的數理原理來推斷人事吉凶的方法之總稱。如占候、卜筮、星命等皆是。❻相生相克　即術數家所謂金生水，水生木，木生火，火生土，土生金，此謂相生；金克木，木克土，土克水，水克火，火克金，此謂相克。❼兵形象水二句　語出《孫子・虛實篇》。意謂用兵的方式就像水因地形不同而改變流動方向，要根據敵情的變化來決定取勝方針。

【語　譯】太宗說：「五行陣又是怎麼回事？」

李靖說：「五行陣原本是根據五色可以代表五方的原理而立下的名稱。方、圓、曲、直、銳等陣形，實際上是由於地形需要而這樣變化的。凡是不熟習這五種陣形變化的軍隊，又怎麼可以用來臨敵作戰呢？用兵，是一種詭詐的行為。所以很勉強地把它命名為五行陣，用術數家相生相克的道理加以文飾。其實用兵作戰的方式就像水的流動，隨時根據地形的不同而改變其奔流的方向，這才是五行陣的要義。」

十一

太宗曰：「李勣言牝牡[1]、方圓伏兵法，古有是否？」

靖曰：「牝牡之法，出於俗傳，其實陰陽[2]二義而已。臣按范蠡[3]云：『後則用陰，先則用陽。盡敵陽節[4]，盈吾陰節而奪之。』此兵家陰陽之妙也。范蠡又云：『設右為牝，益左為牡，早晏[5]以順天道[6]。』此則左右、早晏臨時不同，在乎奇正之變者也。左右者，人之陰陽；早晏者，天之陰陽；奇正者，天人相變之陰陽。若執而不變，則陰陽俱廢，如何守牝牡之形而已？故形之者，以奇示敵，非吾正也；勝之者，以正擊敵，非吾奇也。此謂奇正相變。兵伏者，不止山谷草木伏藏所以為伏也。其正如山，其奇如雷，敵雖對面，莫測吾奇正所在，至此，夫何形之有焉？」

【章旨】此章論兵家陰陽之妙在於奇正相變。

【注釋】❶牝牡　二者相對而言。牝，雌性禽獸。牡，雄性禽獸。❷陰陽　中國古代哲學的一對重要範疇。陰陽的最初涵義十分樸素，是指日光的向背，向日為陽，背日為陰。後來引申為氣候的寒暖，方位的上下、左右、內外，運動狀態的躁動和寧靜等等。古代的思想家看到一切現象都有正反兩個方面，於是就用陰陽這個概念來解釋自然界乃至社會中兩種對立和相互消長的物質勢力，並認為陰陽的對立和消長是事物本身所固有的，從而使陰陽概念的適用範圍擴展到了幾乎一切領域。在軍事方面，陰一般可解釋成柔、暗、後、奇、右、弱等等，陽一般可解釋為剛、明、先、正、左、強等等。在本節文章中，陰可翻譯為潛力，陽可翻譯為銳氣。❸范蠡　字少伯。春秋末楚國宛（今河南南陽）人。春秋末傑出的政治家，越國大夫。越國為吳國所敗時曾赴吳為質二年，回國後幫助越王句踐刻苦圖強，滅亡了吳國。後遊齊國，稱鴟夷子皮。到陶（今山東定陶西北），改名陶朱公，以經商致富。范蠡在思想上具有樸素的辯證觀點，認為天時、氣節隨陰陽二氣的矛盾運動而變化，國勢的盛衰也是如此。所以在對付敵人時，要強不驕、弱不餒，爭取時機，創造條件，轉弱為強，反敗為勝。《漢書・藝文志》著錄有《范蠡》二篇，已佚。其言論散見於《國語・越語下》和《史記・貨殖列傳》。❹節　時期。此又可引申為程度。❺晏　晚。❻天道　天時節氣；自然規律。

【語譯】太宗說：「李勣說起過牝牡、方圓伏兵之法，古時候有這些兵法沒有？」

李靖說：「所謂牝牡之法，出自於世俗所傳，其實也就是陰陽二要義而已。臣查范蠡有言：『後發制人用潛力，先敵制勝則用銳氣。耗盡敵人的銳氣，增強我軍的潛力而戰勝對方。』這是兵家運用陰陽的奧妙之處。范蠡又說過：『設置右軍為牝，加強左軍為牡，行動或早或晚，要順應天時自然規律。』這就是說左軍右軍、或早或晚，都臨時各有不同，主要就在於奇正變化的運用上了。左右，是關於人的陰陽；早晚，是關於天的陰陽；奇正，是關於天人之間相互變化的陰陽。若是執著而不會變通，陰陽也就不存在了，所以怎麼能夠只是守住牝牡的形式而已呢？因此造成假象的方法，是用奇兵去迷惑敵人，而不是用我的正兵；戰勝敵人的方法，是用正兵去打擊敵人，而不是用我的奇兵。這就叫作奇正互相變通。軍隊埋伏，不僅僅是說在山谷草木中隱藏埋伏就算設伏了。它還意味著，當運用正兵時要如山嶽般沈穩，運用奇兵時要如雷霆般迅疾，敵人即使就在對面，也無法測知我奇兵、正兵之所在。奇正運用到了這種地步，又哪裡有什麼形跡可尋呢？」

十二

太宗曰：「四獸之陳❶，又以商、羽、徵、角象之❷，何道也？」

靖曰：「詭道也。」

太宗曰：「可廢乎？」

靖曰：「存之，所以能廢之也。若廢而不用，詭愈甚焉。」

太宗曰：「何謂也？」

靖曰：「假之以四獸之名及天、地、風、雲之號，又加商金、羽水、徵火、角木之配❸，此皆兵家自古詭道。存之，則餘詭不復增矣；廢之，則使貪使愚之術從何而施哉？」

太宗良久曰：「卿宜祕之，無泄於外。」

【章　旨】此章論兵家詭道不可廢之理由。

【注　釋】❶四獸之陣　在旍旗上畫龍、鳥、虎、龜形象，以標示前後左右或東南西北四方之陣，龍代表東方，鳥代表南方，虎代表西方，龜代表北方。❷以商羽徵角象之　商、羽、徵、角為古代五聲中的四聲（另一聲為宮），古人也用來代表四方，並象徵四獸：商為西方之音，象徵虎；羽為北方之音，象徵龜；徵為南方之音，象徵鳥；角為東方之音，象徵龍。❸商金羽水徵火角木之配　古人五聲、五行皆可代表五方（東、南、西、北、中），故而五聲與五行亦可互相配對，即商為西方之音，配以亦代表西方之金，餘類推。

【語　譯】太宗說：「虎、龜、鳥、龍四獸之陣，又分別用商、羽、徵、角四聲來代表它，是什麼方法？」

李靖說：「是一種詭詐的方法。」

太宗說：「可以廢除它嗎？」

李靖說：「保留它，正是為了能廢除它。如果廢而不用，詭詐就更加厲害了。」

太宗說：「此話怎講？」

李靖說：「假借了龍、虎、鳥、龜四獸的名稱及天、地、風、雲的稱號，再加上商金、羽水、徵火、角木的匹配，這些都是兵家自古以來就有的詭詐之道。如果保留它們，其餘的詭詐方法就不會再增多；如果廢除它們，那麼驅使貪婪、愚笨之人的方法又從何而來呢？」

太宗想了很久說：「你對這點要嚴守祕密，不要把它洩露出去。」

十三

太宗曰：「嚴刑峻法，使人畏我而不畏敵，朕甚惑之。昔光武❶以孤軍當王莽❷百萬之眾，非有刑法臨之，此何由乎？」

靖曰：「兵家勝敗，情狀萬殊，不可以一事推也。如陳勝❸、吳廣❹敗秦師，豈勝、廣刑法能加於秦乎？光武之起，蓋順人心之怨莽也；況又王尋❺、王邑❻不曉兵法，徒誇兵眾，所以自敗。臣案《孫子》曰：『卒未親附而罰之，則不服；已親附而罰不行，則不可用❼。』此言凡將，先有愛結於士，然後可以嚴刑也。若愛未加而獨用峻法，鮮克濟❽焉。」

太宗曰：「《尚書》❾言：『威克厥愛，允濟；愛克厥威，允罔功❿。』何謂也？」

靖曰：「愛設於先，威設於後，不可反是也。若威加於前，愛救於後，無益於事矣。《尚書》所以慎誡其終，非所以作謀於始也。故《孫子》之法萬代不刊⓫。」

【章　旨】此章論帶兵當恩威並用而須恩施於先而威加於後。

【注　釋】❶光武　即漢光武帝劉秀（西元前六年～西元五七年）。東漢王朝的建立者。字文叔，南陽蔡陽（今湖北棗陽西南）人。西漢皇族。王莽末年，天下大亂，劉秀和兄劉縯乘機起兵，加入了綠林軍。後以廢除王莽苛政、恢復漢朝為號召，力量逐漸壯大。建武元年（西元二五年）稱帝。後鎮壓了赤眉軍，削平各地割據勢力，統一全國。西元二五年至西元五七年在位。❷王莽（西元前四五年～西元二三年）字巨君。漢元帝皇后姪，新王朝的建立者，西元八年至西元二三年在位。西漢末年，他以外戚掌握政權，成帝時封新都侯。元始五年（西元五年），毒死漢平帝，自稱假皇帝。次年立年僅二歲的劉嬰為太子，號「孺子」。初始元年（西元八年）稱帝，改國號為新。在位期間，法令苛繁，賦役繁重，各種矛盾激化。更始元年（西元二三年）在綠林、赤眉等軍的打擊下，新政權崩潰，王莽亦在長安被殺。❸陳勝（？～西元前二〇八年）秦末農民起義領袖。字涉，陽城（今河南登封東南）人。秦末之時，賦役繁重，刑政苛暴。秦二世元年（西元前二〇九年），他被徵調戍邊，在蘄縣大澤鄉（今安徽宿縣東南劉村集）和吳廣一起發動同行戍卒九百人起事，短時間內迅速發展到數萬人，並在陳縣（今河南淮陽）建立了政權，國號「張楚」，他被推為王。後與秦軍主力交戰，屢次戰敗，陳勝退至下城父（今安徽渦陽東南），為叛徒莊賈殺害。❹吳廣（？～西元前二〇八年）字叔。陽夏（今河南太康）人。西元前二〇九年與陳勝在大澤鄉舉事，張楚政權建立後，他任假王（副王），後為部將田臧假借陳勝的命令殺害。❺王尋　王莽的大司徒。封章新公。❻王邑　王莽政權的大司空。封隆新公。❼卒未親附而罰之四句　語出《孫子・行軍篇》。❽濟　成功。❾尚書　是我國現存最早的關於上古時代的典章文獻的彙編，其中也保存了商及西周初期的一些重要史料。《尚書》相傳曾經由孔子編選，儒家將之列為經典之一，亦稱《書經》，也單稱《書》。❿威克厥愛四句　語出《尚書・胤征篇》。厥，其。允，的確。罔，不。⓫刊　改易；改定。

【語　譯】太宗說：「嚴酷刑法，使人畏懼我而不害怕敵人，對此種說法我甚感疑惑。當年漢光武帝以孤軍對王莽的百萬大軍，並沒有使用嚴刑峻法，這又是什麼原因呢？」

李靖說：「兵家勝敗，情況是千差萬別的，不可以只用一個事例去推斷。比如陳勝、吳廣打敗秦軍，難道是陳勝、吳廣的刑法比秦朝更厲害嗎？漢光武帝的崛起，是順應了人民怨恨王莽的心理；何況王尋、王邑又不懂得兵法，只是誇耀軍隊人數眾多，所以自取失敗。臣查《孫子》有言：『士卒尚未親近依附就處罰他們，他們就會不服；已經親近依附了而不施行刑罰，這樣的部隊就不能用來作戰。』這就是說凡是作將領，先得用仁愛之心去結交士卒，然後才可以使用嚴刑峻法。如果未先施以愛心而只是依靠嚴刑峻法，是很少能夠成功的。」

太宗說：「但是《尚書》上說：『威嚴超過其仁愛，就一定能成功；仁愛超過其威嚴，就一定不會成功。』這又如何解釋呢？」

李靖說：「施仁愛在先，行威嚴在後，不可顛倒這順序。如果施行威嚴在先，用仁愛補救在後，那是無益於事的。《尚書》所言，是用來就事情的最後結局對人們加以慎重告誡，而不是為了在一開始就替人作出謀劃。所以《孫子》提出的原則是萬代不可更改的。」

十四

太宗曰：「卿平蕭銑❶，諸將皆欲籍❷偽臣家以賞士卒，獨卿不從，以謂蒯通不戮於漢❸，既而江漢歸順。朕由是思古人有言曰，『文能附眾，武能威敵』，其卿之謂乎！」

靖曰：「漢光武平赤眉❹，入賊營中案行❺，賊曰：『蕭王推赤心於人腹中❻。』此蓋先料人情本非為惡，豈不豫慮哉？臣頃❼討突厥，總蕃漢之眾，出塞千里，未嘗戮一揚干❽，斬一莊賈❾，亦推赤誠、存至公而已矣。陛下過聽❿，擢⓫臣以不次⓬之位，若於文武，則何敢當！」

【章旨】此章言將領以誠待人、去私存公之重要。

【注釋】❶蕭銑　(西元五八三～六二一年)後梁宣帝曾孫。隋末任羅縣(一名羅川，今湖南湘陰東北)令。西元六一七年巴陵(今湖南岳陽)校尉董景珍、雷世猛等起兵，他被推為主，自稱梁王，次年稱帝，遷都江陵，割據長江中游等地。西元六二一年，李靖率兵東下，直逼江陵，蕭銑兵敗降唐，被殺於長安。❷籍　沒收入官。❸蒯通不戮於漢　蒯通曾說韓信取齊地，並勸信叛劉邦自立，韓信未從。韓信為呂后所殺後，劉邦並未因其曾勸韓信自立而殺他。漢惠帝時，為丞相曹參賓客。著有〈雋永〉八十一首，《漢書・藝文志・縱橫家》則載有《蒯子》五篇，已佚，馬國翰有輯本。蒯通，即蒯徹。漢初范陽(今河北定興北固城鎮)人，秦、漢時策士。善辭令，有智謀，曾遊說范陽令徐公歸降，使陳勝軍將領武臣不戰而得趙地三十餘城。❹赤眉　新莽末年興起於青、徐(今山東東部和江蘇北部)一帶，由琅玡(治所今山東諸城)人樊崇於天鳳五年(西元十八年)在莒縣(今屬山東)首倡。因用赤色染眉以為標識，故稱「赤眉軍」。曾大破王莽軍隊，發展到三十萬人，聲勢頗大。西元二五年攻入長安，消滅劉玄政權。次年退出長安，遭劉秀所部的圍擊，遂告失敗。❺案行　巡視。❻蕭王推赤心於人腹中　語出《後漢書・光武帝紀》。劉秀在稱帝前，曾受更始帝劉玄之封為蕭王。他不疑降人，曾在降軍營中緩轡徐行，降將為其所感曰：「蕭王推赤心置人腹中，安得不投死乎！」❼頃　近來；剛才。❽揚干　春秋時晉悼公之弟。悼公四年(西元前五七〇年)，諸侯會盟於雞澤(今河北邯鄲東北)，時魏絳為晉中軍司馬，主管晉軍軍法，揚干在曲梁(故城在雞澤東北)擾亂了軍隊的行列，破壞了軍容，按軍法當斬，因其是悼公之弟，故魏絳斬其駕車者以代罪。❾莊賈　春秋時齊景公的寵臣。平時十分驕傲。景公將與燕、晉國作戰，以司馬穰苴為將，莊賈為監軍。司馬穰苴與莊賈約定於次日中午到達軍中，穰苴準時到達，而莊賈因親友餞行，誤時至過午才到，穰苴即按軍法將其處斬。❿過聽　誤聽。這兒李靖說太宗誤聽，是李靖表示自謙。⓫擢　選拔；提拔。⓬不次　不按尋常的次序。

【語譯】太宗說：「你平定蕭銑的時候，諸將都想沒收蕭銑那些偽臣們的家產以便賞賜士卒，唯獨你不同意，並告訴大家漢高祖劉邦不殺蒯通的事，所以不久以後江漢一帶就都聞風歸順了。朕由此想到古人有言說道，『文，能夠使大眾依附；武，能夠威懾敵人』，大概說的就是你這樣的人吧！」

李靖說：「漢光武帝平定赤眉軍時，曾到赤眉軍營中巡視，赤眉軍因而說：『蕭王是推心置腹，和我們以誠相待。』這是由於光武帝先已料到了人心本不是惡的，所以難道不是對巡視的結果預先已有考慮了嗎？臣不久前征討突厥，總領番、漢部隊，出塞千里，沒殺過一個揚干之類的人，也沒有斬過一個像莊賈這樣的人，也無非是能以赤誠待人，秉公處事罷了。陛下聽信過實之辭，破格把臣提拔到了高位，至於說到文才武略，臣又如何敢當！」

十五

太宗曰：「昔唐儉使突厥❶，卿因擊而敗之，人言卿以儉為死間❷，朕至今疑焉，如何？」

靖再拜曰：「臣與儉比肩❸事❹主，料儉說必不能柔服❺，故臣因縱兵擊之，所以去大惡不顧小義也。人謂以儉為死間，非臣之心。案《孫子・用間❻》最為下策，臣嘗著論其末云：水能載舟，亦能覆舟；或用間以成功，或憑間以傾敗。若束髮❼事君，當朝正色❽，忠以盡節，信以竭誠，雖有善間，安可用乎？唐儉小義，陛下何疑？」

太宗曰：「誠❾哉！非仁義不能使間，此豈纖人❿所為乎！周公大義滅親⓫，況一使人乎？灼無疑矣！」

【章　旨】此章論帶兵敗敵不當拘泥於小義。

【注　釋】❶唐儉使突厥　貞觀四年（西元六三〇年），唐儉任鴻臚卿，出使新敗於李靖、李勣之突厥，撫慰頡利可汗歸降。李靖乘頡利大喜不備而擊之，唐儉幸脫身得歸，回朝後因功為戶部尚書。唐儉，唐初大臣。字茂約，并州晉陽（今山西太原西南）人。輔佐太宗平定天下，封莒國公。曾數次出使突厥，為唐太宗平定突厥創造了有利條件。❷死間　在敵國任間諜，傳遞假情報使敵人信以為真而上當，但事後將因敵人發覺上當而被處死，故稱死間。閒，「間」之本字。❸比肩　並肩。❹事　侍奉。❺柔服　安撫對方使之順從。❻用間　《孫子》十三篇之最末篇，主要論述用間的重要性及用間的方法。篇中把用間分為因間、內間、反間、死間、生間等。❼束髮　古代男孩成童，將頭髮束成一髻。代指成童。本文指從青少年起。❽正色　表情端莊嚴肅。❾誠確實。❿纖人　猶「小人」。⓫周公大義滅親　武王死後，成王年幼，周公攝政，其兄弟管叔、蔡叔和紂王之子武庚一起叛亂，他出師東征，平定反叛，殺武庚、管叔，放逐蔡叔，鞏固了西周政權，史稱周公大義滅親。周公，西周初年政治家，姬姓。周武王之弟，名旦，亦稱叔旦。曾助武王滅商，建周王朝，封於魯。

【語　譯】太宗說：「當年唐儉出使突厥，你乘機突襲而打敗了突厥，人們說你是把唐儉當作了死間，朕至今心存疑惑，到底是怎麼回事？」

李靖再拜說：「臣與唐儉一起為陛下做事，臣料定唐儉的說言一定不能夠安撫突厥可汗使之臣服，所以乘機發兵出擊，這是為了去除國家的大患而顧不上與唐儉私人間的小義了。有人說把唐儉作為死間，這不是為臣我的本意。按《孫子・用間》之說最是下策，臣曾經在這篇末尾論述道：水能浮載船舟，也能夠傾覆船舟；有人用間諜就成功了，有人靠間諜卻失敗了。至於說到長大成人，從政事君，側身於朝廷之中而神色端莊，忠能盡為臣之節操，信能竭誠而不二，哪怕有善於用間之人，又能有什麼用呢？唐儉之事乃是小義，陛下有什麼可疑惑的呢？」

太宗說：「確實是這樣啊！不具備有大仁大義是不能用好間諜的，這哪裡是平庸小人所能做到的呢！周公為大義尚且能滅親，又何況只是一個使者呢？這道理是灼然無疑的了！」

十六

太宗曰：「兵貴為主❶，不貴為客❷，貴速，不貴久，何也？」

靖曰：「兵，不得已而用之，安在為客且久哉？《孫子》曰：『遠輸則百姓貧❸。』此為客之弊也。又曰：『役不再籍，糧不三載❹。』此不可久之驗❺也。臣校量❻主客之勢，則有變客為主、變主為客之術。」

太宗曰：「何謂也？」

靖曰：「『因糧於敵❼』，是變客為主也；『飽能飢之，佚能勞之❽』，是變主為客也。故兵不拘主客、遲速，唯發必中節❾，所以為宜。」

太宗曰：「古人有諸❿？」

靖曰：「昔越伐吳⓫，以左右二軍鳴鼓而進，吳兵分禦之。越以中軍潛涉不鼓，襲敗吳師。此變客為主之驗也。石勒與姬澹戰⓬，澹兵遠來，勒遣孔萇⓭為前鋒逆擊澹軍，孔萇退而澹來追，勒以伏兵夾擊之，澹軍大敗。此變勞為佚之驗也。古人如此者多。」

【章　旨】此章論用兵貴在反客為主、變勞為佚，掌握作戰主動權。

【注　釋】❶主　古代軍事術語。與「客」相對。一般指交戰雙方中地形熟悉、有利、供給方便，占有主動態勢的一方。但由於其是個抽象的概念，具體應用的範圍就相當廣泛，凡本土作戰、以佚待勞、內線作戰、先到戰場等等，都可視之為「主」方。❷客　古代軍事術語。與「主」相對。一般指交戰雙方中地形陌生、不利、供給困難，處於被動態勢的一方。但應用範圍也相當廣泛，參注❶。❸遠輸則百姓貧　語出《孫子・作戰篇》。百姓，此指平民、庶民。❹役不再籍二句　語出《孫子・作戰篇》。籍，戶籍。此謂依戶徵集兵役。❺驗　效驗；證明。❻校量　比較衡量；分析研究。校，又可作「較」。❼因糧於敵　語出《孫子・作戰篇》。因，因襲。此義為獲取。❽飽能飢之二句　語出《孫子・虛實篇》。飢、勞，均為使動用法：使……飢，使……勞。❾中節　合乎法度。意謂無過無不及。❿諸　「之乎」的合音。代詞兼表疑問語氣。⓫越伐吳　據《左傳・哀公十七年》記載，是年（西元前四七八年）三月，越王句踐出兵伐吳，吳王夫差在笠澤（今江蘇吳淞江）水面佈陣抵禦越軍，越軍以左右偏師鳴鼓佯攻，虛張聲勢，以分散吳軍兵力，另以三軍偷渡突襲吳軍中軍，大敗吳軍。⓬石勒與姬澹戰　晉愍帝建興四年（西元三一六年），石勒率兵圍樂平（今山西昔陽縣西南），劉琨命姬澹帶步騎二萬為前鋒前往救援。石軍控制險要，預設伏兵，然後派孔萇率輕騎與姬澹戰，佯敗誘敵，姬澹中計追擊，落入石軍伏中，石軍前後夾擊，姬澹大敗。石勒（西元二七四～三三三年），十六國時期後趙的建立者，西元三一九年至西元三三三年在位。字世龍，上黨武鄉（今山西榆社北）人，羯族。姬澹，史書上又作「箕澹」。字世稚，代

（今河北蔚縣）人，晉侍中太尉劉琨部將。⓭孔萇　石勒的部將。

【語　譯】太宗說：「用兵作戰貴在處主位，不貴居客位，貴在速決，不貴持久，為什麼呢？」

李靖說：「軍隊，是不得已的時候才用它的，哪裡可以居客位並曠日持久呢？《孫子》說過：『長途運輸百姓就會貧困。』這就是作戰處客位的弊端。《孫子》又說過：『兵役不可徵服兩次，糧食不可以運載三次。』這就是作戰不可曠日持久的驗證。臣比較分析了打仗時為主與為客的態勢，於是有了變客為主、變主為客的方法。」

太宗說：「你說的是什麼方法？」

李靖說：「『在敵國就地取用糧食』，這是變客為主的方法；『糧食充足卻能夠使他飢餓，休整安佚卻能夠使他疲勞』，這是變主為客的方法。所以用兵不必拘泥主客、遲速；只有一旦發動了就必須合乎法度，恰到好處，使用起來才會得心應手，左右逢源。」

太宗說：「古人有這方面的先例嗎？」

李靖說：「當年越王句踐伐吳的時候，用左右二軍鳴鼓進攻，吳軍分兵抵禦越軍。於是越軍以中軍不擊鼓暗中偷渡突襲，打敗了吳軍。這是反客為主的例證。石勒與姬澹交戰的時候，姬澹的部隊是遠道而來，當時石勒派遣部將孔萇為前鋒迎擊姬軍，孔萇詐敗退卻，姬澹緊追不捨，結果石勒用伏兵夾攻姬澹，姬軍大敗。這是變勞為佚的例證。古人像這樣的例子是很多的。」

十七

太宗曰：「鐵蒺蔾❶、行馬❷，太公所制，是乎？」

靖曰：「有之，然拒敵而已。兵貴致人，非欲拒之也。太公《六韜》言守禦之具爾，非攻戰所施也。」

【章　旨】此章言用兵貴在能調遣和左右敵人，而非被動抵禦。

【注　釋】❶鐵蒺蔾　俗稱鐵菱角，也稱冷尖、渠答。是一種鐵製的三角物，有尖刺，狀如蒺藜，是古代戰場上用來阻礙敵方步、騎兵通行的障礙物。蔾，同「藜」。❷行馬　古代軍事上的一種防禦武器。將刀箭等裝置在車上，用來防禦敵人的車騎通行。將好多個行馬連結起來，亦可用以阻止步兵通行。

【語　譯】太宗說：「鐵蒺蔾和行馬，據說是太公發明製作的，是這樣嗎？」

李靖說：「有這回事，不過這些東西只是用來抵禦敵人而已。用兵貴在能夠左右和調遣敵人，而不僅僅是只想抵拒敵人。太公《六韜》中說的鐵蒺蔾、行馬一類，只是防禦的器具罷了，而不是進攻作戰時使用的東西。」

卷下

【題解】卷下共十三節。首先談了地形選擇、用兵的分合和誤導敵人等問題。接著第四、五、六三節集中討論「攻」「守」的涵義，兩者的對立統一關係，引申到「攻心」，然後自然歸結到「知己知彼」的著名原則，強調了軍心士氣的重要性。這幾節議論深刻，融通精闢。本卷中前兩卷所沒有的一個內容是，討論了如何控制和使用將臣的問題，即所謂「將將之道」，這主要在第七、八、九三節的有關議論中。第十節詳論陰陽術數之作用，看法是靈活而實用主義的。第十一、十二節評論了將領，通過「不戰」、「必戰」等議論，得出節制之兵才能攻守得宜，是強大的軍隊的結論。最後談到學習兵法當循序漸進，其分兵法為三等，亦可予人以啟迪。總體來看，本卷所論主要並非戰法上的具體問題，而是作為將領乃至君主在統御軍隊和指揮戰爭中所應注意的某些基本原則；卷中不僅對前代兵書中的一些重要概念和論點作了精闢闡述，而且新義時發，閃爍出智慧的光芒。

一

太宗曰：「太公云：『以步兵與車騎戰者，必依丘墓險阻❶。』又孫子云：『天隙之地，丘墓故城，兵不可處❷。』如何？」

靖曰：「用眾在乎心一，心一在乎禁祥去疑❸。儻主將有所疑忌，則群情搖；群情搖，則敵乘釁❹而至矣。安營據地，便乎人事而已。若澗、井、陷、隙之地及如牢如羅之處❺，人事不便者也，故兵家引而避之，防敵乘我。丘墓故城，非絕險處，我得之為利，豈宜反去之乎？太公所說，兵之至要也。」

太宗曰：「朕思凶器無甚於兵者，行兵苟便於人事，豈以避忌為疑？今後諸將有以陰陽拘忌失於事宜❻者，卿當丁寧❼誡之。」

靖再拜謝曰：「臣按《尉繚子》❽云：『黃帝以德守之，以刑伐之❾。』

是謂刑德，非天官⑩時日⑪之謂也。然詭道可使由⑫之，不可使知之。後世庸將泥於術數，是以多敗，不可不誡也。陛下聖訓，臣即宣告諸將。」

【章　旨】此章謂用兵之地形當視其是否有利作戰，而不能為陰陽拘忌等所誤。

【注　釋】❶以步兵與車騎戰者二句　語出《六韜・犬韜・戰步第六十》。丘墓，本指墳墓，此猶「丘墳」。指山陵之地。❷天隙之地三句　此三句不見於今本《孫子》。天隙，山澗險要之地。曹操注《孫子・行軍篇》：「山澗道迫狹，地形深數尺、長數丈者為天隙。」❸禁祥去疑　禁止占卜、算卦等迷信活動，消除部屬的疑慮。祥，吉凶的徵兆。❹乘釁　乘機；乘隙。乘，利用；趁機會。釁，原意是用犧血塗器祭祀。❺澗井陷隙之地句　語出《孫子・行軍篇》。澗，絕澗。前後險峻，兩岸陡峭，水橫其中，斷絕人行。井，天井。四面陡峭，中間低窪，溪水匯聚之地。陷，天陷。地勢低凹，道路泥濘，陷人車騎之地。隙，天隙。見注❷。牢，天牢。三面環絕，易進難出，如天然牢獄之地。羅，天羅。草木深密，行動困難，如天然羅網之地。❻事宜　事理；事情。❼丁寧　同「叮嚀」。叮囑；告誡。❽尉繚子　中國古兵書名。相傳為戰國時尉繚所選。尉繚的生卒年代和生平事蹟史書無記載，故後人有種種推測，或說是魏國人，或說是齊國人，為鬼谷子的學生，又有人說他是大梁人。《尉繚子》的著錄，始於《漢書・藝文志》，有兩種，分屬於「雜家」與「兵形勢家」。「雜家」的《尉繚子》，唐宋猶存，後亡佚。今存《尉繚子》五卷二十四篇，相傳即「兵形勢家」之三十一篇，但有散佚。長期以來，《尉繚子》曾被判為偽書，西元一九七二年山東省臨沂銀雀山一號漢墓出土了《尉繚子》殘簡三十六枚，證明了此書西漢前期即已流傳於世，而其著作時代更在西漢以前。❾黃帝以德守之二句　語出《尉繚子・天官第一》。刑與德是古人常用的一組對立範疇，德往往指陽指生；刑往往指陰指殺。在兵陰陽家著作中，常常提到刑德。《漢書・

藝文志．兵書略》「兵陰陽」序云：「陰陽者，順時而發，推刑德，隨斗擊，因五勝，假鬼神而為助者也。」這裡的刑德就是一套推占天時，預測吉凶勝負的術數。《尉繚子》即反對這種兵陰陽的刑德論，因此以「刑以伐之，德以守之」來解釋黃帝的刑德說。❿天官　即天文星象。古人按人間的官位命名天上的星座，區分尊卑，故名天星為天官。⓫時日　古代兵陰陽家有兵忌之日，他們往往根據星象時日的某些徵兆判斷吉凶，以決定戰與不戰。⓬由　用。

【語　譯】太宗說：「太公說過：『用步兵對戰車、騎兵作戰時，一定要依託山陵險阻地帶。』還有孫子也說過：『山澗險要之地、丘陵地帶以及舊時的城池，軍隊不可以駐留。』這種說法怎麼樣？」

李靖說：「用兵作戰，在於大家要心志專一；心志專一的關鍵，在於禁止妖祥之事，去除疑慮之心。假如主將有狐疑之心和忌諱之事，那部下就會軍心動搖；部下軍心動搖，那敵人就會乘隙而來了。安營紮寨，占據地形，不過是要便利於軍隊行動罷了。至於絕澗、天井、天陷、天隙之地以及像天牢、天羅那樣的地形，都是對部隊行動不利的，所以兵家都要引兵避而遠之，以防備敵人乘機於我不利。丘陵地帶和故舊城池，並不是絕對凶險之地，我占據了是有利的，哪裡能反而避而不用呢？太公所說的，是用兵的極重要原則。」

太宗說：「朕想凶器沒有比戰爭更厲害的了，用兵時如果是便於部隊行動的，哪裡能以避忌作為疑慮的理由？今後諸將中如有因為陰陽術數之拘泥畏忌而貽誤軍機的，你應當叮囑告誡他。」

李靖再次拜謝說：「臣查《尉繚子》上說：『黃帝用德政治理天下，用武力討伐敵人。』這才是刑和德，不是天象和時日忌諱那些說法。然而詭詐之道可以讓人去用它，卻不可以讓人知道其道理。後世的那些平庸無能的將領拘泥於陰陽術數之說，因而常常失敗，不可不引以為警誡。陛下的聖訓，臣立即向諸將宣告。」

二

太宗曰：「兵有分有聚，各貴適宜，前代事蹟，孰為善此者？」

靖曰：「苻堅總百萬之眾，而敗於淝水❶，此兵能合不能分之所致也。吳漢討公孫述❷，與副將劉尚分屯❸，相去二十里，述來攻漢，尚出合擊，大破之，此兵分而能合之所致也。太公云：『分不分，為縻軍❹；聚不聚，為孤旅。』」

太宗曰：「然。苻堅初得王猛❺，實知兵，遂取中原；及猛卒，堅果敗。此縻軍之謂乎？吳漢為光武所任，兵不遙制，故漢果平蜀。此不陷孤旅之謂乎？得失事蹟，足為萬代鑒！」

【章　旨】此章論用兵當能分能合。

【注 釋】❶苻堅總百萬之眾二句 參卷上第七節注❷。❷吳漢討公孫述 劉秀即位後，吳漢任大司馬，封廣平侯，率軍伐蜀，攻滅了割據益州的公孫述。公孫述（?～西元三六年），字子陽。東漢初扶風茂陵（今陝西興平東北）人。新莽時為導江卒正（蜀郡太守），後起兵，據益州（今四川）稱帝，號成家。建武十二年（西元三六年）為吳漢所率漢軍擊敗，被殺。吳漢（?～西元四四年），字子顏。東漢初南陽宛縣（今河南南陽）人。新莽末年，以販馬為業，後歸劉秀，為偏將軍。❸與副將劉尚分屯 西元三五年春，吳漢奉命討伐公孫述。次年春，進逼成都，吳漢屯兵江北，令副將劉尚率萬餘人屯於江南，相去二十餘里。公孫述分兵二路分擊之，使吳、劉不能相救助。吳漢兵敗被圍，遂在營內設假象惑敵，而乘夜與劉尚合兵。次日公孫述主力進攻江南，吳、劉合擊之，大敗公孫述。屯，駐守。❹縻軍 因指揮失措，故而牽制了軍隊，致使其左右受制，不能自由行動。縻，絆；牽繫。❺王猛 （西元三二五～三七五年）十六國時前秦大臣。字景略，北海劇（今山東壽光東南）人。王猛博學，通兵書，初為苻堅謀士，甚見信任，累遷司徒、錄尚書事，輔佐苻堅統一了北方大部地區，官至丞相。他認為東晉無隙可乘，在病危之時建議苻堅不宜攻晉，苻堅不聽，致有淝水之敗。

【語 譯】太宗說：「用兵有分散有集中，貴在各得其宜，前代人的事蹟中，誰在這方面是做得好的？」

李靖說：「苻堅統領百萬大軍，卻敗於淝水一戰，這是用兵能合不能分所造成的結果。吳漢討伐公孫述，與副將劉尚分兵駐守，相距二十里，當公孫述來進攻吳漢時，劉尚出兵合擊，大敗公孫述，這是用兵分而又能合的結果。太公說過：『當分兵而不分，是受牽制的軍隊；當集聚而不集聚，是被孤立的軍隊。』」

太宗說：「是這樣。苻堅最初得到王猛的輔助，而王猛實在是懂得兵法的，於是就取得中原之地；到王猛死後，苻堅果然就失敗了。這就是所說的受牽制的軍隊吧？吳漢為漢光武帝所信任，軍隊沒有受到朝廷遙控，所以吳漢果然就平定了蜀地。這就是沒有陷入所說的孤軍之境吧？前代人得失的事蹟，足可作為萬代的借鑒！」

三

太宗曰：「朕觀千章萬句，不出乎『多方以誤之』一句而已。」

靖良久曰：「誠如聖語。大凡用兵，若敵人不誤，則我師安能克哉？譬如弈棋，兩敵均焉，一著❶或失，竟❷莫能救。是❸古今勝敗，率❹由一誤而已，況多失者乎！」

【章旨】此章謂設法讓敵人失誤為獲勝之道。

【注釋】❶著　圍棋稱下子曰著。引申事有失誤，謂之失著。❷竟　終於。❸是　是以；因此。❹率　大率；大約。

【語譯】太宗說：「朕看兵書千章萬句，所說都不出於『多設謀略以使敵人失誤』這一句話罷了。」

李靖考慮了很久，說：「的確如聖上所說的。大凡用兵作戰，如果敵人不失誤，那我軍又如何能克敵致勝呢？譬如下棋，雙方勢均力敵，有時一著失誤了，最終就沒法子挽救全局。所以古今戰爭的勝敗，大體上都是由於一著失誤而已，更何況多次失誤呢！」

四

太宗曰：「攻守二事，其實一法歟？《孫子》言：『善攻者，敵不知其所守；善守者，敵不知其所攻❶。』即❷不言敵來攻我，我亦攻之；我若自守，敵亦守之。攻守兩齊，其術奈何❸？」

靖曰：「前代似此相攻相守者多矣！皆曰『守則不足，攻則有餘❹』，便謂不足為弱，有餘為強，蓋不悟攻守之法也。臣案《孫子》云：『不可勝者，守也；可勝者，攻也❺。』謂敵未可勝，則我且自守，待敵可勝，則攻之爾，非以強弱為辭也。後人不曉其義，則當攻而守，當守而攻，二役❻既殊，故不能一其法。」

【章旨】此章謂攻或守不當以強弱為依據，而應當視機而定。

【注　釋】❶善攻者四句　語出《孫子・虛實篇》。❷即　連詞。但是；卻。❸攻守兩齊二句　此二句解釋頗有歧義。在此大意為：在戰爭中攻守兩者處於同等重要的地位，其中的道理又是怎樣的呢？術，學問。此作「道理」解。奈何，與「如何」同。❹守則不足二句　語出《孫子・形篇》。❺不可勝者四句　語出《孫子・形篇》。❻役　事。

【語　譯】太宗說：「進攻和防守這兩件事，其實是同一個法則吧？《孫子》說：『善於進攻的人，敵人不知道如何防守；善於防守的人，敵人不知道怎樣進攻。』卻不曾說敵人若來攻我，我也就去進攻敵人；我如果顧自防守，敵人也就防守。攻守兩者是同等重要的，其中的道理怎樣？」

李靖說：「前代像這樣相攻相守的事蹟多了！都說『採取防守是由於兵力不足，採取進攻是由於兵力有餘』，於是就說兵力不足是弱，兵力有餘是強，這大概是由於他們並不懂得攻守的法則。臣按照《孫子》所說：『不可取得勝利時，我就採取防守；可以取得勝利時，我就實施進攻。』這也就是說敵人還不可戰勝時，我就姑且自守，等到敵人可以被戰勝了，就可以去進攻他了，並沒有以強弱來說明攻守。後人不明白《孫子》說的意思，於是該進攻時卻去防守，該防守時卻去進攻，攻守二事既然都弄錯了，所以就不能使其法則統一起來。」

太宗曰：「信乎！有餘、不足，使後人惑其強弱，殊不知❶守之法，要在示敵以不足，攻之法，要在示敵以有餘也。示敵以不足，則敵必來攻，此是敵不知其所攻者也；示敵以有餘，則敵必自守，此是敵不知其所守者也。攻守一法，敵與我分為二事。若我事得，則敵事敗；敵事得，則我事敗。得失成敗，彼我之事分焉。攻守者，一而已矣，得一者百戰百勝。故曰，『知彼知己，百戰不殆❷』，其知一之謂乎？」

靖再拜曰：「深乎，聖人之法也！攻是守之機❸，守是攻之策，同歸乎勝而已矣。若攻不知守，守不知攻，不唯二其事，抑❹又二其官❺，雖口誦孫、吳而心不思妙，攻守二齊之說，其❻孰能知其然哉？」

【章　旨】此章論攻與守既對立又統一之辯證關係。

【注　釋】❶殊不知　一點兒也不知道。❷知彼知己二句　語出《孫子．謀攻篇》。殆，危險。❸機　機變；隨機應變。❹抑　語首助詞。無義。❺官　官能；職能。❻其　反詰副詞。難道。

【語　譯】太宗說：「的確如此！兵力的有餘和不足，使後人產生迷惑，以為就是指強弱而言，卻一點都不知道防守的法則，要領在於對敵人假裝力量不足，進攻的法則，要領在於對敵人假裝兵力有餘。對敵人假裝力量不足，敵人就一定會來進攻，這是敵人不知道他為何該進攻；對敵人假裝兵力有餘，敵人就一定會自守而不敢出動，這是敵人不明白他為何應當防守。進攻和防禦只是一個法則，但就敵我雙方而言就分為二件事了。要是我方的事成功了，敵方的事就失敗了；敵方的事成功了，我方的事就失敗了。得失成敗，敵我之事就此分而為二了。進攻防守，道理就是一個而已，懂得這個道理的人就能百戰百勝。所以說，『了解敵人又了解自己，百戰都不會有危險』，說的大概就是懂得攻守只是一個法則這一個道理吧？」

李靖再拜說：「深刻啊，聖人的兵法！攻是守的機變，守是攻的策略，兩者都是為了奪取勝利罷了。若是進攻就不知道防守，防守就不知道進攻，不僅是把攻守看成兩回事，還把它們的職能截然分開，即便是口誦孫、吳的兵法，卻不用心去思考其運用的奧妙，那麼攻守兩者同等重要的道理，難道又有誰能知其所以然麼？」

五

太宗曰：「《司馬法》言：『國雖大，好戰必亡；天下雖平，亡戰必危❶。』此亦攻守一道乎？」

靖曰：「有國有家❷者，曷❸嘗不講乎攻守也？夫攻者，不止攻其城擊其陳而已，必有攻其心之術焉；守者，不止完❹其壁堅其陳而已，必也守吾氣而有待焉。大而言之，為君之道；小而言之，為將之法。夫攻其心者，所謂知彼者也；守吾氣者，所謂知己者也。」

【章　旨】此章謂講求攻守之道必須知彼知己——了解雙方的軍心士氣。

【注　釋】❶國雖大四句　語出《司馬法・仁本第一》。亡，通「忘」。❷有國有家　古時諸侯的封地稱國，大夫的封邑稱家。也以國家為國之通稱。❸曷　何。❹完　修築。

【語　譯】太宗說：「《司馬法》上說：『國家雖然大，好戰就一定滅亡；天下雖然平定了，忘了備戰就一定危險。』這也是攻守的事理一致嗎？」

李靖說：「有國有家的人，又何嘗不講求攻守之道呢？進攻，不光是攻打敵人的城池和衝擊其陣營而已，一定還有一套攻敵之心的方法；防守，不只是修築自己的壁壘和鞏固自己的陣營而已，一定還要保持我軍的士氣而嚴陣以待。大而言之，這是作君主應懂得的道理；小而言之，這是作將領要掌握的方法。攻敵之心，就是所謂的知彼；保我士氣，就是所謂的知己。」

太宗曰：「誠哉！朕常臨陳，先料敵之心與己之心孰審❶，然後彼可得而知焉；察敵之氣與己之氣孰治，然後我可得而知焉。是以知彼知己，兵家大要。今之將臣，雖未知彼，苟能知己，則安有失利者哉！」

靖曰：「孫武所謂『先為不可勝』者，知己者也；『以待敵之可勝❷』者，知彼者也。又曰：『不可勝在己，可勝在敵❸。』臣斯須❹不敢失此誡。」

【章旨】此章進一步闡釋知彼知己。

【注釋】❶審　詳細；周密。❷以待敵之可勝　語出《孫子・形篇》。❸不可勝在己二句　語出《孫子・形篇》。❹斯須　片刻；一會兒。

【語譯】太宗說：「確實如此！朕曾經臨陣對敵，總是先判斷敵人的心思和自己的心思哪個周密，這樣做之後敵方的情況就可得以了解了；察明敵軍的士氣與我軍的士氣誰旺盛，這樣做之後我方的情況也可得以了解了。所以知彼知己，是兵家用兵作戰的大要則。現在的那些將臣，縱使未能做到知彼，但如果能做到知己，那又哪裡會有失利的事呢！」

李靖說：「孫武所說的『先創造不可被敵人戰勝的條件』，就是知己；『來等待可以戰勝敵人的機會』，就是知彼。孫武又說：『不可被敵人戰勝在於自己，自己能否取勝卻在於敵人。』臣一刻也不敢忘記這些訓誡。」

六

太宗曰：「《孫子》言三軍可奪氣之法：『朝氣銳，晝氣惰，暮氣歸。善用兵者，避其銳氣，擊其惰歸❶。』如何？」

靖曰：「夫含生❷稟血❸，鼓作鬥爭，雖死不省者，氣使然也。故用兵之法，必先察吾士眾，激吾勝氣，乃可以擊敵焉。吳起四機❹，以氣機為上，無他道也，能使人人自鬥，則其銳莫當。所謂朝氣銳者，非限時刻而言也，舉一日始末為喻也。凡三鼓❺而敵不衰不竭，則安能必使之惰歸哉？蓋學者徒誦空文，而為敵所誘。苟悟奪之之理，則兵可任矣。」

【章　旨】此章論士氣之重要。

【注　釋】❶朝氣銳六句　語出《孫子・軍爭篇》。在此孫子用一日之早、中、晚來形象地比喻軍隊出戰時士氣的始、中、終三個階段：早上的朝氣，比方軍隊初戰時的銳氣；中午的晝氣，比方軍隊出戰漸久而士氣有所懈怠；晚上的暮氣，比方軍隊出戰既久而疲憊以至衰竭。這和春秋時曹劌論戰時所說的「一鼓作氣，再而衰，三而竭」的著名論斷，意思是一樣的。❷含生　指有生命的。❸稟血　稟受氣血。稟，承受。❹吳起四機　《吳子・論將第四》：「凡兵有四機：一曰氣機，二曰地機，三曰事機，四曰力機。三軍之眾，百萬之師，張設輕重，在於一人，是謂氣機。」這兒的氣機是指軍隊士氣的關鍵。在吳起看來，士氣高昂與否的關鍵，在於將帥對士氣的激發和掌握運用。❺三鼓　謂擊鼓三次。《左傳・莊公十年》載：是年（西元前六八四年）齊、魯在長勺（今山東曲阜北境）交戰，魯莊公將擊鼓進攻，曹劌制止曰不可，等齊人三鼓之後，曹劌方說可以進攻了，結果魯軍大勝。戰後曹劌分析取勝原因說：作戰取勝在於勇氣，齊人一鼓作氣，再而衰，三而竭，敵軍士氣衰竭而我軍旺盛，所以能克敵制勝。

【語　譯】太宗說：「《孫子》上說到可使敵三軍士氣消蝕的方法是：『早晨的士氣勇銳，中午的士氣怠惰，傍晚的士氣思歸。善於用兵的人，避開敵人的銳氣，攻擊敵人的惰氣和暮氣。』說得怎麼樣？」

李靖說：「人含有生機，稟受氣血，能鼓作勇氣英勇鬥爭，縱令死了也不省悟反悔，這是一股氣使他這樣的。所以用兵的方法，一定要先考察我軍士眾，激發我軍必勝的士氣，才可以出戰攻敵。吳起論到用兵有『四機』，以『氣機』為首位，沒有別的道理，只是說若能使人人都自覺奮戰，那麼其銳氣就是不可抵擋的。《孫子》說的早晨士氣銳猛，並不是限於某時某刻而言的，而是拿一天的早晚來作比喻的。要是敵人已經三次擊鼓進攻而士氣仍然不衰不竭，那又怎麼能一定讓他們怠惰以至思歸呢？大概總有不少學兵法的人，只知道背誦空洞的條文章句，結果卻被敵人所誘騙了。假如能夠懂得消蝕敵人士氣的道理，軍隊就可以交由他指揮了。」

七

太宗曰：「卿嘗言李勣能兵法，久可用否？然非朕控御，則不可用也。他日太子治❶若何御之？」

靖曰：「為陛下計，莫若黜勣，令太子復用之，則必感恩圖報，於理何損乎？」

太宗曰：「善！朕無疑矣。」

【章　旨】此章言控御將臣之一法。

【注　釋】❶太子治　唐太宗的第九個兒子。名治，字為善。初封晉王，西元六四三年立為太子，貞觀二十三年（西元六四九年）太宗死，治即位，為高宗皇帝。

【語　譯】太宗說：「你曾經說過李勣通曉兵法，天長日久還可以任用他嗎？然而不是朕親自控制，就不可以用他了。他日太子李治又如何控制他呢？」

李靖說：「為陛下打算，不如罷黜李勣的官爵，讓太子他日重新再起用他，那麼他一定會感念太子的恩德而希圖有所報答，於情理又有什麼損害呢？」

太宗說：「好！我沒有疑慮了。」

太宗曰：「李勣若與長孫無忌❶共掌國政，他日如何？」

靖曰：「勣忠義臣，可保任❷也。無忌佐命❸大功，陛下以肺腑之親委之輔相❹，然外貌下士❺，內實嫉賢。故尉遲敬德❻面折❼其短，遂引退❽焉；侯君集❾恨其忘舊，因以犯逆：皆無忌致其然也。陛下詢及臣，臣不敢避其說。」

太宗曰：「勿洩也，朕徐思其處置。」

【章　旨】此章議論大臣之短長。

【注　釋】❶長孫無忌　（?～西元六五九年）字輔機。河南洛陽人，唐太宗長孫皇后之兄。唐初大臣，法律家，曾奉命與房玄齡等修定唐律，又奉命與律學之士對唐律逐條解釋，成《唐律疏義》三十卷。曾助李世民發動玄武門之變奪取帝位，遂以皇親及元勳之功歷任尚書右僕射、司空、司徒等職，封趙國公。貞觀二十三年（西元六四九年）受命輔立高宗。後因反對高宗立武則天為后，為高宗所逐，自縊而亡。❷保任　擔保。按照唐律，被保任的人如獲罪，舉主按所任罪減二等處分。❸佐命　古代帝王建立王朝，自謂承天受命，故稱輔佐之臣為佐命。❹輔相　宰相。❺下士　謙恭地對待下士。❻尉遲敬德　（西元五八五～六五八年）即尉遲恭。敬德為其字，朔州善陽（今山西朔縣）人。隋末從劉武周為將，後降唐，為唐初大將。玄武門之變時助李世民奪取帝位，歷任涇州道行軍總管、襄州都督等職。晚年篤信方術，杜門不出。❼面折　當面斥責他人過失。❽引退　自請辭職。❾侯君集　（?～西元六四三年）唐初大將。豳州三水（今陝西旬邑）人。初從李世民作戰，屢建戰功。太宗即位後，歷任右衛大將軍、兵部尚書等職。貞觀十七年（西元六四三年）與廢太子承乾謀反，被殺。

【語　譯】太宗說：「如用李勣和長孫無忌共同掌管國政，你看將來會怎樣？」

李靖說：「李勣是忠義之臣，可以擔保他的。長孫無忌輔佐陛下創業立有大功，陛下又以肺腑之親的關係委任他為宰相，然而他外表看上去是禮賢下士，內心實際上卻是嫉賢妒能。所以尉遲敬德當面指責了他的過錯後，就辭官退隱了；侯君集恨他不念舊好，因而就犯上謀逆。這些都是長孫無忌造成的結果。陛下既然問到了臣，臣不敢避開事實而不說。」

太宗說：「不要洩露出去，朕慢慢考慮一下此事的處置辦法。」

八

太宗曰：「漢高祖能將❶將，其後韓❷、彭❸見誅，蕭何❹下獄，何故如此？」

靖曰：「臣觀劉、項❺皆非將將之君。當秦之亡也，張良本為韓報仇❻，陳平❼、韓信皆怨楚不用，故假漢之勢自為奮爾。至於蕭、曹❽、樊❾、灌❿，悉由亡命，高祖因之以得天下。設使六國⓫之後復立，人人各懷其舊，則雖有能將將之才，豈為漢用哉？臣謂漢得天下，由張良借箸之謀⓬，蕭何漕輓之功⓭也。以此言之，韓、彭見誅，范增不用⓮，其事同也。臣故謂劉、項皆非將將之君。」

【章旨】此章論漢高祖劉邦並非將將之君。

【注釋】❶將　統率。❷韓　韓信，詳見卷上第十二節注❶。❸彭　（？～西元前一九六年）彭越。漢初諸侯王，字仲，昌邑（今山東金鄉西北）人。秦末聚眾起兵。楚漢戰爭時，率兵三萬餘歸附劉邦，略定梁地（今河南東北部），屢斷項羽糧道。不久率兵從劉邦擊滅項羽於垓下。漢初封梁王，後因被告發謀反，為劉邦所囚，先貶為庶人，繼而被殺。❹蕭何　（？～西元前一九三年）漢初大臣。沛縣（今屬江蘇）人，與劉邦同鄉，並相友善，曾為沛縣吏。秦末佐劉邦起兵，劉邦軍隊入咸陽後，他收取秦政府的律令圖書，掌握了全國的山川形勢、郡縣戶口和當時的社會情況。楚漢戰爭中，推舉韓信為大將，並以丞相身分留守關中，輸送兵糧，支援作戰，對戰勝項羽、建立漢朝貢獻甚大。後封酇侯，為漢相國，定律令制度，助劉邦消滅韓信等異姓諸侯王。高祖十二年，因奏請開放上林苑為耕地，觸怒劉邦，被下獄。❺項　（西元前二三二～前二〇二年）項籍。字羽，下相（今江蘇宿遷西南）人。楚國貴族出身。秦二世元年（西元前二〇九年），隨叔父項梁在吳（今江蘇蘇州）起兵。項梁戰死後，他率兵在鉅鹿一戰中摧毀了秦軍主力，聲名大振。秦亡後，自立為西楚霸王，並大封諸侯王，其中劉邦被封為漢王。不久，項羽就和劉邦展開了長達五年的楚漢戰爭，最後項羽敗退至垓下（今安徽靈璧南），被漢軍合兵圍困，陷入四面楚歌之境，遂突圍南走，至烏江（今安徽和縣東北）自刎而死。❻張良本為韓報仇　張良的祖和父相繼為韓昭侯、宣惠王等五世之相，乃韓國貴族。秦滅韓後，張良圖謀恢復韓國，曾在博浪沙（今河南原陽東南）狙擊秦始皇，為韓報仇，未成。在秦末農民戰爭中，他雖歸劉邦，但不久又遊說項梁立韓國貴族成為韓王，自任韓司徒。後韓王成被項羽所殺，他復歸劉邦，方全心效力於劉邦，為其運籌謀劃，多有建樹。❼陳平　（？～西元前一七八年）漢初政治家。陽武（今河南原陽東南）人，陳勝起義時，投魏王咎，為太僕。後從項羽入關，任都尉。因不被項羽信任，旋歸劉邦，任護軍中尉，建議用反間計使項羽逐去謀士范增，並以爵位籠絡大將韓信，為劉邦所採納。漢朝建立後，封曲逆侯。惠帝、呂后時任丞相，以呂氏專權，不治事。呂后死，他與周勃定計，誅殺呂產、呂祿等，迎立文帝，任丞相。❽曹　（？～西元前一九〇年）曹參。漢初大臣，沛縣人，曾任沛縣獄吏。秦末隨劉邦起義，屢建戰功。漢朝建立後，封平陽侯，曾任齊相九年。後繼蕭何為漢惠帝丞相，大計方針一仍蕭何之舊，故有「蕭規曹隨」之稱。❾樊　（？～西元前一八九年）樊噲。漢初將領，沛縣人。少時以屠狗為業，後隨劉邦起事，為其部將，以軍功封賢成君。漢朝建立後，多次助劉邦平定叛亂，任左丞相，封舞陽侯。❿灌　（？～西元前一七六年）灌嬰。漢初大臣，睢陽（今河南商丘南）人。初以販賣絲綢為業，後從劉邦轉戰各地，劉邦稱帝後，任車騎將軍，封潁陰侯。後與陳平、周勃一起平定呂氏叛亂，迎立文帝，任太尉，不久又任丞相。⓫六國　戰國時楚、齊、燕、韓、趙、魏六國。又有「六雄」之稱。加上秦國則為七國，或稱「七雄」。⓬張良借箸之謀　《史記・留侯世家》載：秦末楚漢相爭，酈食其勸劉邦立六國後代，共同攻楚。劉邦正在吃飯，張良入見，以為計不可行，就請求用劉邦的筷子來說明當時形勢，指出：如果恢復了六國，則天下的遊士各歸事其主，你又和誰一起取天下呢？劉邦遂恍然大悟，採納了張良的意見。「借箸」一詞，後又用來指代人策劃。⓭蕭何漕輓之功　楚漢相爭時，漢軍多次失利，軍糧與兵員均發生供應困難，靠了蕭何在關中穩定後方，不斷從水、陸向前方運送糧秣、兵員，使漢軍經常得到補充，才保證劉邦最後戰勝了項羽。漕輓，運輸糧餉。水運曰漕，陸運曰輓。⓮范增不用　范增屢次勸項羽殺掉劉邦，項羽不聽。後來項羽中劉邦反間計，懷疑他，並削其權力，他忿而離去，途中病死。范增（西元前二七七～前二〇四年），居鄛（今安徽桐城南）人，項羽的主要謀士，曾被項羽尊為「亞父」。

【語　譯】太宗說：「漢高祖是能統御將領的，但後來卻是韓信、彭越被殺，蕭何也下獄，為什麼會這樣呢？」

李靖說：「臣看劉邦和項羽都不是會統御將領的君主。當秦朝滅亡的時候，張良的本意是要為韓國報仇，而陳平和韓信都怨恨楚霸王不重用自己，所以他們都是借了漢王的勢力興起罷了。至於蕭何、曹參、樊噲和灌嬰，都是由於在逃命之際，漢高祖因而用之，得到了天下。假如當時讓六國的後代復立為王，這些人各自都懷念其舊君故國，那麼，即便有能統御將領的才能，他們又哪裡會為漢王所用呢？臣以為漢高祖能夠得到天下，是由於張良的戰略謀劃，和蕭何在關中的水陸運輸之功。由此說來，韓信、彭越被殺，與范增不被項羽所用，兩件事的性質是相同的。所以臣要說劉邦和項羽都不是會統御將領的君主。」

太宗曰：「光武中興❶，能保全功臣，不任以吏事，此則善於將將乎？」

靖曰：「光武雖藉前構❷，易於成功，然莽勢不下於項籍，寇❸、鄧❹未越於蕭、張，獨能推赤心、用柔治保全功臣，賢於高祖遠矣！以此論將將之道，臣謂光武得之。」

【章　旨】此章論漢光武帝有將將之道。

【注　釋】❶中興　由衰落而重新興盛。❷前構　此指前人所造成的基礎。❸寇　（?～西元三六年）寇恂。字子翼，東漢初上谷昌平（今屬北京市）人。世為地方豪強，後助劉秀奪取天下，歷任潁川、汝南太守，封雍奴侯。❹鄧　（西元二～五八年）鄧禹。字仲華，東漢初南陽新野（今河南新野南）人。初從劉秀鎮壓河北銅馬等部起事軍，拜為前將軍，又入河東，鎮壓綠林軍王匡、成丹等部。劉秀即位後，任大司徒，封酇侯。又渡河入關，所部號稱百萬，不久為赤眉軍所敗。劉秀統一全國後，改封高密侯。

【語　譯】太宗說：「漢光武帝中興漢室以後，能夠保全功臣，不任命他們主持大政，這是善於統御將領嗎？」

李靖說：「光武帝雖然憑藉前人的基礎，容易成就功業，但是王莽的勢力不下於項羽，而寇恂、鄧禹的才智也沒有超過蕭何、張良，可是光武帝獨獨能夠以赤誠待人、用柔術理事以保全功臣，比高祖就賢明多了！以此來評論統御將領的方法，臣以為光武帝是掌握了要領的。」

九

太宗曰：「古者出師命將，齋❶三日，授之以鉞❷，曰：『從此至天，將軍制之。』又授之以斧，曰：『從此至地，將軍制之。』又推其轂❸，曰：『進退唯時。』既行，軍中但聞將軍之令，不聞君命。朕謂此禮久廢，今欲與卿參定遣將之儀，如何？」

靖曰：「臣竊謂聖人制作致齋❹於廟者，所以假威於神也；授斧鉞又推其轂者，所以委寄以權也。今陛下每有出師，必與公卿議論，告廟❺而後遣，此則邀以神至矣；每有任將，必使之便宜❻從事，此則假以權重矣。何異於致齋推轂邪？盡合古禮，其義同焉，不須參定。」

上曰：「善！」乃命近臣❼書此二事，為後世法。

【章旨】此章討論出師命將古禮的涵義與存廢。

【注釋】❶齋　齋戒。古人在祭祀前沐浴更衣，不飲酒食葷，不與妻妾同寢，整潔心身，以示虔誠。❷鉞　古兵器。用於斫殺，狀如大斧，有穿，可按裝長柄。❸轂　車輪中間車軸貫入處的圓木。安裝在車輪兩側軸上，使輪保持直立，不至內外傾斜。此借指車。❹致齋　舉行祭祀或典禮以前清整身心的禮式。義同「齋戒」。❺告

廟　有大事，告於祖先之廟，以表虔誠，並祈福祐。❻便宜　因利乘便，見機行事。❼近臣　君主左右親近之臣。

【語譯】太宗說：「古時候出兵作戰任命大將時，君王先要齋戒三日，然後將鉞授給大將，說：『從此軍中上至於天的一切事情，全由將軍節制。』又把斧授給大將，說：『從此軍中下至於地的一切事情，全由將軍節制。』又推動大將的戰車，說：『無論進退，都要切合戰機。』部隊出發以後，軍中只聽到將軍的號令，聽不到君王的命令。朕認為這種禮式已經廢除很久了，現在想和你參照古禮制定遣將的禮儀，怎麼樣？」

李靖說：「臣私下以為，聖人制定了任命大將的禮儀而在宗廟齋戒，是為了借助於神靈的威力；授予斧鉞又推動戰車，是為了託付將軍以大權。如今陛下每次有軍隊出動時，一定和公卿議論過，告於祖廟而後遣將出發，這就已經是祈求神靈的祐助了；每當任命大將時，一定都讓他們便宜行事，這就已經是賦予他們以大權了。這和齋戒推車又有什麼不同呢？完全符合古禮，其意義也相同，不須再參酌制定了。」

太宗說：「好！」於是命令身邊的親信大臣記下這兩件事，作為後世出兵遣將的法度。

十

太宗曰：「陰陽術數，廢之可乎？」

靖曰：「不可。兵者詭道也，托之以陰陽術數，則使貪使愚，茲❶不可廢也。」

太宗曰：「卿嘗言天官時日明將不法，闇❷者拘之。廢亦宜然？」

靖曰：「昔紂以甲子❸日亡，武王以甲子日興，天官時日，甲子一也，殷亂周治，興亡異焉。又宋武帝以往亡日起兵❹，軍吏以為不可，帝曰：『我往彼亡。』果克之。由此言之，可廢明矣。然而田單❺為燕所圍，單命一人為神，拜而祠❻之，神言：『燕可破。』單於是以火牛出擊燕，大破之。此是兵家詭道。天官時日，亦猶此也。」

【章旨】此章言陰陽術數中亦有兵家詭道，不可為法亦不可驟廢。

【注釋】❶茲　此；這。❷闇　昏昧；糊塗。❸甲子　甲是十天干的首位，子是十二地支的首位，古人把天干與地支相配，順次可得甲子、乙丑、丙寅……等共六十種搭配，俗稱一甲子。古人用此來紀日，後來又用以紀年、月等。❹宋武帝以往亡日起兵　劉裕任東晉將領時，曾於西元四一〇年二月率兵討伐南燕，定於丁亥日攻城，有人說丁亥日是「往亡日」，「今日往亡，不利行師」。劉裕卻說：「我往彼亡，何為不利？」於是四面猛攻，虜南燕王慕容超，大勝而歸。宋武帝（西元三六三～四二二年），即劉裕，南朝宋的建立者，字德輿、小字寄奴，祖為彭城（今江蘇徐州）人，遷居京口（今江蘇鎮江）。幼年貧窮，後為東晉將領，戰功顯赫，權勢漸重，攻滅後秦後，官至相國，封宋王。元熙二年（西元四二〇年）代晉稱帝，國號宋。❺田單　戰國時齊將。臨淄（今山東淄博東北）人。燕將樂毅破齊時，他堅守在即墨（今山東平度東南）。西元前二七九年，田單先施反間計，使燕惠王改用騎劫替代樂毅為將，接著乘燕軍人心渙散、戒備鬆懈之時，用火牛千頭、士卒五千突然殺出城去，擊敗燕軍，一舉收復七十多城，遂被齊襄王任為相國，封安平君。❻祠　祈禱。

【語　譯】太宗說：「陰陽術數，廢掉它可以嗎？」

李靖說：「不可以。用兵是一種詭詐的行為，假託於陰陽術數，就可以驅使貪婪愚昧之人，這就是不可廢除的原因。」

太宗說：「你曾經說過天文星象和時日忌諱這一套，明智的將領是不把它作為用兵的法則的，而糊塗的將領卻會受其拘忌，那麼廢除它也是理所當然的囉？」

李靖說：「從前紂王在甲子日滅亡，而武王在甲子日興盛，就天文星象和時日忌諱而言，同是一樣的甲子日，但是殷亂而周治，興盛和衰亡卻大不相同。還有，宋武帝在『往亡日』起兵，軍吏們認為不可以，武帝卻說：『我前往，他滅亡。』果然武帝大勝了南燕。由此說來，天文星象和時日忌諱可以廢除是很顯然的了。然而田單被燕軍圍困時，田單讓一個人裝作神，自己向他跪拜祈禱，結果『神』說：『燕軍可以被打敗。』於是田單就用火牛出擊，大破燕軍。這些都是兵家的詭詐之道，天文星象和時日忌諱那一套，也像這些一樣。」

太宗曰：「田單托神怪而破燕，太公焚蓍龜❶而滅紂，二事相反，何也？」

靖曰：「其機❷一也，或逆而取之，或順而行之是也。昔太公佐武王至牧野，遇雷雨，旗鼓毀折，散宜生❸欲卜吉而後行。此則因軍中疑懼，必假卜以問神焉。太公以謂腐草枯骨無足問，且以臣伐君，豈可再乎？然觀散宜生發機於前，太公成機於後，逆順雖異，其理致❹則同。臣前所謂術數不可廢者，蓋存其機於未萌也，及其成功，在人事而已矣。」

【章旨】此章進一步論述運用陰陽術數有時是機心的表現，故不可廢。

【注釋】❶蓍龜　蓍草和龜。都是古時卜筮的用具，筮用蓍草，卜用龜甲。❷機　機巧；機變。❸散宜生　西周初年大臣。散氏，名宜生。曾輔佐周文王，後又助武王滅商。❹理致　思想情趣。

【語譯】太宗說：「田單假託神怪而破了燕軍，太公卻焚毀蓍草龜甲而滅了殷紂，兩件事似乎相反，為什麼呢？」

李靖說：「他們機巧靈變的心計是一樣的，只是有時取逆的方向行事，有時則從順的方向去行事。當初太公輔佐武王，到了牧野，遇上了雷雨，旗折鼓毀，散宜生就想占卜得吉兆後再行動。

這是因為當時軍中有疑懼之心，所以一定要藉占卜來問問神靈以安定軍心。太公因此卻說腐草和枯骨不足一問，況且武王是以臣子身份討伐君主，哪裡可以有第二次呢？然而臣看散宜生是生發機心在前，太公是成就機心於後，行事順逆之序雖然不同，但其旨趣卻是相同的。臣在前面所說的陰陽術數不可廢除，是為了在事情未發生前就先保留這種機巧靈變的心機，至於說到事情是否成功，只是在於人為的努力罷了。」

十一

太宗曰：「當今將帥，唯李勣、道宗、薛萬徹，除道宗以親屬外，孰堪❶大用？」

靖曰：「陛下嘗言勣、道宗用兵不大勝亦不大敗，萬徹若不大勝即須❷大敗。臣愚思聖言，不求大勝亦不大敗者，節制之兵也；或大勝或大敗者，幸而成功者也。故孫武云：『善戰者，立於不敗之地，而不失敵之敗也❸。』節制在我云爾❹。」

【章　旨】此章論何為善戰之將。

【注　釋】❶堪　能夠承當。❷即須　就要。❸善戰者三句　語出《孫子・形篇》。❹云爾　如此罷了。

【語　譯】太宗說：「當今將帥，唯有李勣、道宗、薛萬徹，三人中除了道宗因為是宗室親屬之外，誰能擔當大任呢？」

李靖說：「陛下曾經說李勣、李道宗用兵不會大勝也不會大敗，而薛萬徹要不是大勝就要大敗。愚臣思量聖上所說的，不求大勝但也不會大敗的，是紀律嚴明的軍隊；或者大勝或者大敗的，是靠僥倖才獲成功的軍隊。所以孫武所說的：『善於作戰的人，自己立於不敗之地，而不放過使敵人失敗的機會。』全靠我方自身的整飭嚴明而已。」

十二

太宗曰：「兩陳相臨，欲言不戰，安可得乎？」

靖曰：「昔秦師伐晉，交綏而退❶。《司馬法》曰：『逐奔不遠，縱綏不及❷。』臣謂綏者，御轡❸之索也。我兵既有節制，彼敵亦正行伍，豈敢輕戰哉？故有出而交綏，退而不逐，各防其失敗者也。孫武云：『勿擊堂堂之陳，無邀正正之旗❹。』若兩陳體均勢等，苟一輕肆，為其所乘，則或大敗，理使然也。是故兵有不戰，有必戰；夫不戰者在我，必戰者在敵。」

太宗曰：「不戰在我，何謂也？」

靖曰：「孫武云：『我不欲戰者，畫地而守之，敵不得與我戰者，乖其所之也❺。』敵有人焉，則交綏之間未可圖也，故曰不戰在我。夫必戰在敵者，孫武云：『善動敵者，形之，敵必從之；予之，敵必取之。以利動之，以本待之❻。』敵無人焉，則必來戰，吾得以乘而破之，故曰必戰者在敵。」

【章　旨】此章論兩軍相臨之「不戰」與「必戰」之理。

【注　釋】❶秦師伐晉二句　事見《左傳・文公十二年》（西元前六一五年）秦軍伐晉，兩軍戰於河曲（今山西永濟南），「乃皆出戰，交綏」。綏，為「退」的同聲假借之字。交綏，即雙方軍隊各自撤退。但「交綏」一詞後又可用來稱兩軍相接。李靖在此用的即是後一義，故敘《左傳》事時，須得補「而退」二字，方才意思完整。

❷逐奔不遠二句　語出《司馬法・天子之義第二》。縱，通「從」。❸轡　馬繮繩。❹勿擊堂堂之陳二句　語出《孫子・軍爭篇》。❺我不欲戰者四句　語出《孫子・虛實篇》。❻善動敵者七句　語出《孫子・勢篇》。本，《直解》云：「謂修我之奇正，繕我之甲兵，嚴我之隊伍，明我之號令。」即周密部署，嚴陣以待之意。《孫子》原文作「卒」。指軍隊，意較直捷。

【語　譯】太宗說：「兩軍對陣相臨，想要不交戰，怎樣才能做到呢？」

李靖說：「從前秦國軍隊去攻打晉國，雙方一接觸就各自退兵了。《司馬法》說：『追逐敗逃之敵不可太遠，跟從退卻之敵不可過緊。』我說綏，就是御馬的繮索。我軍的行動已是很有節度法制，而敵方的隊伍也是行列嚴整，雙方又哪裡敢輕易交戰呢？所以才有雙方出兵而又撤兵，退卻了也不去追擊，各自都要預防自己失敗那樣的情形。孫武說：『不要去攻擊陣容堂堂實力強大的敵陣，不要去截擊旗幟整齊準備周密的敵軍。』如果兩軍勢均力敵，只要一輕舉妄動，被敵人所利用，就或許會導致大敗，這是順理成章的結果。所以用兵作戰，有時不可戰，有時一定要戰；不可戰決定在我，必須戰決定在敵。」

太宗說：「不可戰決定在我，指何而言呢？」

李靖說：「孫武說：『我不想與敵人交戰時，即便是畫地而防守，敵人也無法來同我作戰，原因是我設法使敵人背離了原定的方向。』如果敵方有能人在那裡，那麼兩軍交接之間就不可能有所圖謀，所以說這時不可戰就決定於我。而所謂必須戰決定在敵者，孫武又說：『善於調動敵人的人，暴露假象給敵人看，敵人就一定會聽從調遣；給一點小的利益，敵人就一定會來奪取它。用小利來調動敵人，用有準備的重兵來等待敵人。』如果敵軍中沒有能人在那裡，就一定會前來交戰，我就能乘機擊敗他，所以說這時一定要戰就在於敵人給我提供了可乘之機。」

太宗曰：「深乎！節制之兵。得其法則昌，失其法則亡。卿為纂述歷代善於節制者，具圖來上，朕當擇其精微，垂❶於後世。」

靖曰：「臣前所進黃帝、太公二陳圖，並《司馬法》、諸葛亮奇正之法，此已精悉，歷代名將用其一二而成功者亦眾矣；但史官❷鮮克知兵，不能紀其實蹟焉。臣敢❸不奉詔，當纂述以聞。」

【章旨】此章謂歷代節制之兵可為後人用兵之鑒。

【注釋】❶垂　留傳。❷史官　古代主管文書、典籍之官。❸敢　反語。猶言「不敢」、「豈敢」。

【語譯】太宗說：「關於節制之兵的道理多麼深奧啊！掌握了它的法則就能昌盛，失掉了它的法則就要滅亡。你替朕編纂歷代善於節制用兵的事例，繪圖呈上來，朕要選擇其中的精微部份，留傳於後世。」

李靖說：「臣先前所進獻的黃帝、太公的兩種陣圖，以及《司馬法》和諸葛亮的奇正之法，這些已經很精詳了，歷代名將用其內容的一二分而獲得成功的也有許多；只是那些史官少有能懂得兵法的，所以沒有能夠記錄下他們的實戰事蹟。臣豈敢不奉詔命，自當編纂上呈陛下。」

十三

太宗曰：「兵法孰為最深者？」

靖曰：「臣常分為三等，使學者當漸而至焉。一曰道，二曰天地，三曰將法❶。夫道之說至微至深，《易》❷所謂聰明睿智神武而不殺❸者是也。夫天之說陰陽，地之說險易。善用兵者，能以陰奪陽，以險攻易，孟子❹所謂天時地利❺者是也。夫將法之說在乎任人利器，《三略》所謂得士者昌，管仲所謂器必堅利者是也。」

【章　旨】此章釋兵法之分為三等。

【注　釋】❶一曰道三句　李靖在此分作三等的內容源出於《孫子・計篇》中的五事：「一曰道，二曰天，三曰地，四曰將，五曰法。」《孫子》本文的解釋：「道者，令民與上同意，可與之死，可與之生，而不畏危也。天者，陰陽、寒暑、時制也。地者，遠近、險易、廣狹、死生也。將者，智、信、仁、勇、嚴也。法者，曲制（指部曲、旌旗、金鼓之制）、官道（指軍隊中百官的編制）、主用（指軍隊中的各項用度）也。」❷易　即《周易》。也稱《易經》。是我國古代富有哲學思想的占卜書，也是儒家的重要經典之一。書中的內容主要分為經、傳兩部份，通過象徵天、地、風、雷、水、火、山、澤八種自然現象的八卦形式，來推測自然和人事的吉凶變化，並以陰陽二氣的交感作用作為萬物產生之本源，故《周易》一書，是中國古代哲學思想體系一個極重要的源頭。❸聰明睿智神武而不殺　語出《周易・繫辭上》。《直解》云：「聰是無所不聞，明是無所不見，睿是無所不通，智是無所不知。變化不測之謂神，戡定禍亂之謂武。不殺者，言不用威刑而服萬方也。」❹孟子　（約西元前三七二～前二八九年）名軻。字子輿，鄒（今山東鄒縣東南）人，戰國時思想家、政治家、教育家。受業於子思的門人，曾遊歷諸國，因主張不見用，退而與弟子萬章等著書立說，著作有《孟子》，被認為是孔子學說的繼承者，有「亞聖」之稱。❺天時地利　語出《孟子・公孫丑下》。天時，指有利於攻戰的自然氣候條件。如陰晴寒暑等。地利，地理上的有利形勢。如險阻城池等。

【語　譯】太宗說：「兵法哪一家最深奧？」

李靖說：「臣曾經把兵法分為三等，使學習的人得以循序漸進而達到精深。第一等為『道』，第二等為『天地』，第三等為『將法』。『道』的學問極精微極深刻，就是《易經》上所說的『聰明睿智神武而不殺』。『天』的學問是有關陰陽之道的，『地』的學問是指地形的險易等。善於用兵的人，能夠用陰柔之法克制陽剛之敵，據險地而攻擊處平地之敵，孟子所說的天時地利就是指此。『將法』的學問在於任用賢能之人和完善攻守的器械，就是《三略》上所說的得賢士而任之則國家必昌盛，以及管仲所說的攻戰之器一定要堅固銳利。」

太宗曰：「然。吾謂不戰而屈人之兵者上也，百戰百勝者中也，深溝高壘以自守者下也。以是校量❶，孫武著書，三等皆具焉。」

靖曰：「觀其文，迹❷其事，亦可差別矣。若張良、范蠡、孫武，脫然高引❸，不知所往，此非知道，安能爾❹乎？若樂毅、管仲、諸葛亮戰必勝，守必固，此非察天時地利，安能爾乎？其次王猛之保秦，謝安❺之守晉，非任將擇材❻，繕完❼自固，安能爾乎？故習兵之學，必先繇❽下以及中，繇中以及上，則漸而深矣。不然，則垂空言，徒記誦，無足取也。」

太宗曰：「道家忌三世為將者，不可妄傳也，不可不傳也，卿其慎之！」

靖再拜出，盡傳其書與李勣。

【章旨】此章以史實再證兵法之分為三等，說明習兵法當循序漸進，由淺入深。

【注釋】❶校量　比較；衡量。又可以寫作「較量」。❷迹　考核；推究。❸脫然高引　意謂不為功名所累，意態超然地激流引退。❹爾　如此。❺謝安　（西元三二〇～三八五年）東晉政治家。字安石，陳郡陽夏（今河南太康）人。出身士族，年四十餘始出仕，孝武帝時位至宰相。當時前秦強盛，攻破梁、益等地，他使弟謝石與姪謝玄為將領，加強防守。太元八年（西元三八三年），苻堅率前秦軍南下，江東震驚，他又命謝石、謝玄率晉軍力拒，在淝水大敗前秦軍，並乘機北伐，收復了雒陽及青、兗等數州。❻材　通「才」。❼繕完　修治完善。亦可單言「繕」或「完」。總之，都指作好防守之修城郭、備甲兵諸事。❽繇　通「由」。

【語　譯】太宗說：「是這樣。我說不通過戰鬥而能使敵軍屈服的是上等，百戰百勝的是中等，深溝高壘而堅守防禦的是下等。用這個標準來比較衡量，孫武撰寫兵書，三等都具備了。」

李靖說：「看他們的文章，推究他們的事蹟，也可得出差別了。像張良、范蠡、孫武，功成後能夠超然地高蹈引退，不知去向，這要不是懂得「道」，又哪能如此呢？像樂毅、管仲、諸葛亮戰必勝，守必固，這要不是能夠明察天時地利，又怎能如此呢？其次王猛保秦，謝安守晉，要不是能任用良將、挑選人才，修治城池、完善軍備而自強，又怎能如此呢？所以學習兵法，一定要先從下等到中等，再從中等到上等，就能夠漸漸地到達精深的地步了。如果不是這樣，就只是在傳佈一些空洞的言辭，徒然地記憶背誦，沒有什麼可取的了。」

太宗說：「道家忌諱三代為將，是因為兵法不可隨意傳授，但也不可不傳授，你對此要慎重！」

李靖再拜而出，把他的兵書全部傳授給了李勣。

附錄

壹・汪宗沂《衛公兵法輯本》選譯

說明

李靖的兵法作品，在著錄上雖有《兵家心術》一卷、《兵鈐新書》一卷、《李僕射馬前訣》一卷、《李衛公兵機》一冊、《李衛公四門經歷》一冊、《李衛公武略》一冊、《李衛公元戎必勝錄》一冊、《六壬用兵太一心機要訣》一卷、《明將祕要》三卷、《彭門玉帳》一卷、《六軍鏡》三卷、《衛國公手記》一卷、《韜鈐祕術》一卷、《總要》三卷等書（見《通志・藝文略》、《宋史・藝文志》、《舊唐書・經籍志》、《崇文總目》、《文淵閣書目》、《遂初堂書目》等存目），但亡佚已久，世無全本，這裡所參考的《衛公兵法輯本》，是清人汪宗沂合唐人杜佑《通典》、杜牧《孫子》注、宋《太平御覽》、《武經總要》、明人唐順之《武編》諸書所引用的李靖兵法逸文的一部輯本。原書分為〈將務兵謀〉、〈部伍營陣〉、〈攻守戰具〉三卷，對於瞭解古代治軍教戰，是不可多得的第一手史料。因此本書選譯部份可以補充及印證《李衛公問對》內容的資料作為附錄，應有助於讀者進一步認識古代軍事的實際情況。汪宗沂，字仲伊，安徽歙縣人，是光緒年間的進士，曾經作過山西知縣。《衛公兵法輯本》是他《漸西村舍汪氏兵學三書》中的一部。本附錄所選譯的引文，集中在〈將務兵謀〉與〈部伍營陣〉兩部份，若干文字也根據他本作了斟酌，取捨不盡合於汪宗沂的輯本，這是須加以說明的。

一、杜牧《孫子》注第四〈形篇〉引

夫將之上務，在於明察而眾和，謀深而慮遠，審於天時，稽乎人理。若不料其能，不達權變，及臨機赴敵，方始趑趄，左顧右盼，計無所出，信任過說，一彼一此，進退狐疑，部伍狼藉，何異趣蒼生而赴湯火，驅牛羊而啗狼虎者乎？

【語　譯】將帥的首要之務，是瞭解狀況而和睦大眾，深謀遠慮，掌握時機，考察情理。如果不知道彼我的能力，不通權達變，直到緊要關頭應付敵人，才猶豫不定，左右觀望，不能制定計策，或誤信錯誤的說法，舉棋不定，不知應進或應退，隊伍淩亂，不就等於引人送死，趕牛羊去餵虎狼嗎？

二、《通典》卷一五四

用兵上神，戰貴其速。簡練士卒，申明號令，曉其目以麾幟，習其耳以鼓金。嚴賞罰以戒之，重芻豢以養之，浚溝壑以防之，指山川以導之，召才能以任之，述奇正以教之。如此則雖敵人有雷霆之疾，而我亦有所待也。若兵無先備則不應卒，卒不應則失於機，失於機則後於事，後於事則不制勝而軍覆矣。故《呂氏春秋》云：「凡兵者欲急捷，所以一決取勝，不可久而用之矣。」或曰：「兵之情雖主速，乘人之不及，然敵將多謀，戎卒欲輯，令行禁止，兵利甲堅，氣銳而嚴，力全而勁，豈可速而犯之耶？」答曰：「若此則當卷跡藏聲，蓄盈待竭。避其鋒勢與之持久，安可犯之哉？廉頗之拒白起，守而不戰，宣王之抗武侯，抑而不進，是也。」

【語　譯】用兵當變化不測，作戰應求迅速。選練士兵，說明指揮的號令，使他們眼能辨認旗幟，耳能熟習金鼓。以賞罰嚴明訓誡他們，以豐富的糧餉供應他們，使他們挖掘壕溝防禦，指導他們熟悉地形山川，召集任用有才能的人，教授他們戰術的奇正變化。這樣即使敵人奇襲，我方也能防範。如果用兵沒有事先防範則無法應付緊急狀況，不能應付緊急狀況則失去戰機，失去戰機就處於被動，陷於被動就無法取勝並全軍覆沒。所以《呂氏春秋》說：「用兵須求迅速，方能一戰而決勝，不能長期拖延。」有人問：「雖然兵貴神速，乘人措手不及，然而敵將如果有謀略，士卒紀律良好，兵器精良，士氣高昂，戰力十足，豈可迅速加以攻擊呢？」回答是：「若遇到這種情形應收斂不露痕跡，充實我方實力，等待對方氣勢衰竭。避開對方的鋒芒，以持久戰消耗對方，豈可輕易進攻呢？廉頗防禦白起而不出戰，司馬懿扼守諸葛亮而不進擊，都是這種情況。」

三、《通典》卷一五〇

夫決勝之策者在乎察將之材能，審敵之彊弱，斷地之形勢，觀時之宜利。先勝而後戰，守地而不失，是謂必勝之道也。若上驕下怨，可離而間；營久卒疲，可掩而襲；昧迷去就，士眾猜嫌，可振而走；重進輕退，遇逢險阻，可邀而取。若敵人旌旗屢動，士馬屢顧，其卒或縱或橫，其吏或行或止，追北恐不利，見利恐不獲；長途而未息，入險地而不疑；勁風劇寒，剖冰濟水，列景炎熱，倍道兼行，陣而未定，舍而未畢，若此之勢，乘而擊之，此為天贊我也，豈有不勝哉！

【語譯】決定勝利的策略在於了解將領的才幹，明察敵人的強弱，判斷地理形勢，觀察時機是否適宜，先得勝算而後才進行戰鬥，防守一地確保不失，才是必勝之道。如果敵軍將領驕橫，部屬埋怨，就可以使其離心；長期駐紮，士卒疲憊，就可加以偷襲；進退兩難，士兵猜疑，可以張大聲勢加以驅退；難進而易退，地形險要的情形下，可加以誘擊而取勝。如果敵人旗幟不斷移動，部隊不斷回頭探視，行列縱橫不整，軍吏有的前進有的停止，追擊退兵唯恐不得，見到戰利品唯恐不獲；長途跋涉而沒有休息，步入險地也不戒備，冒著強風嚴寒，鑿開冰塊渡河，頂著大太陽急行軍，軍陣尚未佈妥，駐營還沒有完成，若趁此機會襲擊，乃是得到天助，豈有不獲勝的道理！

四、《通典》卷一五〇

若軍有賢智而不能用者敗；上下不相親而各逞己長者敗；賞罰不當而眾多怨言者敗；知而不敢擊，不知而擊者敗；地利不得，而卒多戰行阨者敗；勞逸無辨，不曉車騎之用者敗；覘候不審而輕敵懈怠者敗；行於絕險而不知深溝絕澗者敗；陣無選鋒而奇正不分者敗。凡此十敗，非天之殃，將之過也。夫兵者，寧千日而不用，不可一時而不勝。故白起對秦王曰：「明王愛其國，忠臣愛其身，臣寧伏其重誅，不忍為辱軍之將。」又嚴顏謂張飛曰：「卿等無狀，侵奪我州，有斷頭將軍，無降將軍也。」故二將咸重其名節，寧就死而不求生者，蓋知敗衄之恥，斯誠甚矣。

【語譯】軍中若有賢能智慧者而不加任用者必敗；上下不團結合作而彼此互相逞能者必敗；賞罰不合情理以致士兵多埋怨的必敗；了解彼我情勢但不敢攻擊，而不了解情勢卻貿然進攻者必敗；沒有掌握地形優勢，士卒在地形不利的情況下作戰的必敗；不能保養軍力，不知道正確使用車兵與騎兵的必敗；不仔細伺望敵情而輕敵懈怠的必敗；在險地行軍而不知道路上有不易跨越的溝澗者必敗；布陣沒有精銳部隊作前鋒，不能運用奇正的變化者必敗。以上十者必敗，都與天災無關，而是將領的過失。寧可千日不用兵，不能一時用兵失敗。所以白起對秦王說：「賢君珍惜他的國家，忠臣珍惜他的生命，我寧可接受重刑，也不忍心作敗軍的將領。」又嚴顏對張飛說：

「你們無禮侵略我方的領地，我們只有斷頭的將軍，沒有投降的將軍！」這兩位將軍都重視他們的名聲氣節，寧死不願苟活的原因，就在於知道戰敗的恥辱，再難堪不過了。

五、《通典》卷一五〇

又曰：凡與敵相逢，持軍相守，欲知彼算，將揣其謀，則如之何？對曰：士馬驍雄，示我以羸弱；陣伍齊肅，示我以不戰。見小利，佯不為不敢爭；伏奇兵，故誘以奔北。內實嚴警，外為弛慢。恣行間諜，託以忠告。或執使以相忿，或厚賂以相悅。移師則減灶，合營則掩旗，智足以及謀，勇足以及怒。非得地而不舍，非全軍而不侵。以多擊少，必取於晨朝；以寡擊眾，必候於日暮。如此，則兵多詭伏，將有深謀，理須曲為防慎，不可入其規畫。故《傳》曰：「見可而進，知難而退，軍之善政也。」但敵國固小，蜂蠆有毒。且鳥窮則啄，獸窮猶觸者，皆自衛其生命而求免於禍難也。若困而不鬥，乃智不逮於鳥獸，其將能乎？

必須料敵致勝，戒於小利，然後可立大功矣。

【語　譯】又問：凡是與敵人相遭遇，兩軍對峙不動，想知對方的計算，推測他的策略，應怎麼做？回答是：凡是軍隊善戰勇敢，卻故意表現怯弱；隊伍整飭，卻故意表現沒有作戰準備。見到小利，裝作不敢爭取；埋伏奇兵，故意退兵誘敵。內部實際戒備森嚴，而外表故作紀律鬆弛。大肆派遣間諜，而假託是忠告。或是扣留我方使者使我動怒，或是以豐厚的餽贈以取悅我。軍隊移動就減少灶數，作兵士大量逃亡的假象，軍隊會師紮營就藏起旗幟，使敵人不能正確估計其人數，那麼對方的將領是智勇雙全的人物，不是地形有利絕不紮營，不是有萬全的把握不進行攻擊。以多擊少時，一定在大清晨發動攻勢；以寡擊眾時，必定利用黃昏的掩護。這樣的對手，說明其軍隊多有詭計，將領有深邃的智謀，理應周密防範，不可掉入對方設計的圈套。所以《左傳》中說：「可以取勝就進軍，知道困難就撤退，這是用兵應守的原則。」但是敵國雖小，即如蜂蠍一般，不可大意。何況鳥獸到沒有退路時莫不全力反擊，都是為了自衛而爭取生存的機會。情勢危急而不戰鬥，智慧尚不如鳥獸，對方會這般愚蠢嗎？所以正確判斷敵情，獲取勝利，不貪小利，然後才能立大功。

或又問曰：所謂料敵者何？對曰：料敵者，料其彼我之形，定乎得失之計，始可兵出而決於勝負矣。當料彼將吏孰與己和？主客孰與己逸？排甲孰與己堅？器械孰與己利？教練孰與己明？地勢孰與己險？城池孰與己固？騎畜孰與己多？糧儲孰與己廣？功巧孰與己能？秣飼孰與己豐？資貨孰與己富？以此揣而料之，焉有不保其勝哉！夫軍無小聽，聽必審也。戰無小利，利必大也。審聽之道，詐亦受之，實亦受之，巧亦受之，拙亦受之，其詐而似實亦受之，其實而似詐亦受之。但當明聽其實，參會眾情，徐思其驗，鍛鍊而用。不得逆詐自聽，挫折愚人之詞，又不得聽庸人之說，稱敵寡弱，輕侮眾心，而不料其虛實，又不得受敵人以小利餌我。勇士輒掠財畜，獲其首級，將闇不斷而重賞之，忽敵無備，必為所敗。

【語　譯】又問：所謂料敵是怎麼做呢？答：料敵是預估敵我的強弱，根據彼此的長處與短處定計策，然後才可以出兵而得到勝利。應當預估的項目包括：雙方的各級領導指揮系統何者較上下一心？在攻守形勢上哪一方實力可以保存較多？誰的鎧甲較堅固？誰的攻戰器具較有利？哪一方的訓練較嚴明？哪一方的地形較險要？誰的城池較堅固？誰的戰馬較多？哪方的存糧較足？哪方的工藝技術較熟練？誰的飼料豐足？誰的財貨較多？以這些因素一一考慮，豈有不確保勝利的呢！在軍事中不可隨意接受傳來的資訊與意見，必須十分謹慎。打仗不可貪求小利，一定要著眼於大勢的掌握。接受資訊的方法是，假的也聽，真的也聽，花俏的也聽，樸拙的也聽，假的冒充真的要聽，真的像是假的也要聽。但是要聽出話裡的實情，斟酌各人的情況，靜靜考慮是否有符合實情的地方，反覆推敲，取其可用的地方來用。不可聽不進別的意見，不可排斥愚人的話，也不可聽信庸人的說法，宣稱敵人弱小，以致使大眾輕敵，而不能正確判斷敵人的實力，也不要被敵人佈置的小利所引誘上當。勇敢之士往往喜好掠奪財物，只顧獲取敵人首級以爭取軍功，將領若不明事理而予以重賞，將會促使他們輕敵冒進，不知戒備，必為敵人所敗。

揣敵之術亦易知矣，若辭怒而不戰者，待其援也；杖而立，汲而先飲者，倍程逼速，飢渴之兼也。夫欲行無窮之勢，圖不測之利，其事煩多，略陳梗概而已。若遇小寇而不可擊者，為其將智而謀深，士勇而軍整，鋒甲尖銳而地險，騎畜肥逸而令行，如此，則士蓄必死之心，將懷擒敵之計。此當固守而待之，未得輕而犯也。如逢大敵而必鬥也者，彼將愚昧而政令不行，士馬雖多而眾心不一，鋒甲雖廣而眾力不堅，居地無固而糧運不繼。卒無攻戰之志，旁無車馬之援，此可襲而取之。抑又聞之，統戎行師，攻城野戰，當須料敵，然後縱兵。夫為將，能識此之機變，知彼之物情，亦何慮功不逮，鬥不勝哉！

【語譯】判斷敵情的方法不難掌握，如果敵人言辭激憤卻不作戰，是在等援軍；扶著兵器才能站穩，汲水時急著先喝，是因為被迫急行軍，又飢又渴的緣故。用兵欲變化無窮，得到常人意想不到的勝利，有很多方式，這只是略提個大概而已。若遇到勢力較小的敵人而不予以攻擊，是因為敵將智謀深遠，士卒勇猛而軍容嚴整，前鋒精銳而地勢險要，戰馬精壯力足而軍令必行，那麼他們的士卒都有必死的決心，將領有必勝的計謀。這種情形下應當堅守等待時機，不可輕易出擊。而遭遇強敵卻應作戰的情形，則是由於敵將愚昧而軍令不能貫徹，人馬雖多卻不能團結一致，前鋒甲士數目多而戰鬥力不強，駐紮地勢沒有堅固防禦而糧食運送又中斷。士卒沒有戰鬥意志，附近沒有援軍，這種敵軍便可襲擊取勝。常言道，統率軍隊攻城及野戰，均應判斷敵情然後方出兵。身為將領，能看出其中的關鍵變化，掌握敵情，又何愁不能建功戰勝呢！

六、《通典》卷一五〇

敵有十五形可擊：新集，未食，不順，後至，奔走，不戒，動勞，將離，長路，候濟，不暇，險路，擾亂，驚怖，不定。

【語譯】敵軍有十五種情況可以乘機攻擊：剛到戰場而陣勢尚未佈好時；或陣勢已佈但尚未進食；逆風向或方位不利時；後到戰場而不得山川地勢的便利；行軍沒有秩序或陣勢漫無章法；我示弱誘敵而敵人毫不戒備；急行軍趕路而陣勢不整；大將離開軍隊而由沒有威信的次級軍官帶領；長途跋涉之後；渡河至半的時候；貪利冒進而沒有休息；山路險狹左右不能相救；行列失序；猝然遭遇而驚亂；陣形多次移動，人馬屢屢回顧。

七、《通典》卷一五〇

帥有十過：勇而輕死，貪而好利，仁而不忍，知而心怯，信而喜信人，廉潔而愛人，慢而心緩，剛而自用，懦志多疑，急而心速。

【語譯】作將領的容易有十種過失：勇敢而輕死，則易作無謂犧牲；貪而好利，則易被敵人利誘；仁愛而不忍心，則易被敵人所困擾左右；聰明而膽怯，則易被敵人所窘；誠實輕信人言，則易被人欺騙；廉潔愛民，則易因受侮而輕舉妄動；緩慢遲鈍，則敵人可以加以偷襲；剛愎自用，容易自以為是，一意孤行；懦弱多疑，易被敵人所迷惑；急於求成果，易受敵人的拖延戰術所激而莽撞行事。

八、《通典》卷一五八

凡事有形同而勢異者，亦有勢同而形別者。若順其可，則一舉而功濟；如從未可，則暫動而必敗。故孫臏曰：「計者，因其勢而利導之。」兵法曰：「百里而趨利者，則蹶上將，五十里而趨利者，軍半至。」「善動敵者，形之，而敵從之；與之，而敵取之。以奇動之，以正待之。」此戰勢之要術也。若我士卒已齊，法令已行，奇正已設，置陣已定，誓眾已畢，上下已怒，天時已應，地利已據，鼓角已震，風勢已順，敵人雖眾，其奈我哉？譬虎之有牙，兕之有角，身不蔽捍，手無寸刃，而欲搏之，勢不可觸，其亦明矣！

【語　譯】凡事有條件類似而情況不同的，也有情況相同而條件不同的。如果能順應形勢，就可以一舉成功。如果不能認清形勢，就會輕舉妄動而失敗。所以孫臏說：「所謂計謀，就是順著對方的情況，以利誘導對方。」兵法說：「急行軍一百里以爭利，會喪失上軍將領；急行五十里以爭利，軍隊只有一半能抵達戰場。」「善於誘導敵人者，偽示戰情，敵人就會上當；給敵人一點小利，敵人就會受誘貪取。以奇兵誘導敵軍，以正兵對付敵人。」這就是戰場利用形勢的基本方法。如果我方士卒已協同一致，法令已嚴行，奇兵與正兵的部署已完成，陣勢已布定，誓師已畢，上下士氣旺盛，天時對我有利，也占據地形上的優勢，進軍號令已響起，並處在上風的方位，敵人即使眾多，又能對我奈何呢？好比虎有牙，犀牛有角，而對手沒有甲冑防護，手無寸鐵，即使想搏鬥，也沒有一拚的條件，這是清楚不過的事了！

故兵有三勢：一曰氣勢，二曰地勢，三曰因勢。若將勇輕敵，士卒樂戰，三軍之眾，志厲青雲，氣等飄風，聲如雷霆，此所謂氣勢也。若關山狹路，大阜深澗，龍蛇盤陰，羊腸狗門，一夫守險，千人不過，此所謂地勢也。若因敵怠慢，勞役飢渴，風浪驚擾，將吏縱橫，前營未舍，後軍半濟，此所謂因勢也。若遇此勢，當潛我形，出其不意，用奇設伏，乘勢取之矣。是以良將用兵，審其機勢而用兵氣，仍須鼓而怒之，感而勇之，賞而勸之，激而揚之。若鷙鳥之攫，猛獸之搏，必修其牙距，度力而下，遠則氣衰易不及，近則形見而不得。故良將之戰，必整其三軍，礪其鋒甲，設其奇伏，量其形勢，遠則力疲易不及，近則敵知易不應。若不通此機，乃智不及於鳥獸，亦何能取勝於勁寇乎？乃須怒士厲眾，使知奮勇，故能無強陣於前，無堅城於外，以弱勝強，必因勢也。

【語　譯】所以用兵有三種勢：一是氣勢，二是地勢，三是因勢。如果將領勇敢，不畏敵人，士卒期待作戰，全軍士氣高昂，氣如飆風，聲勢像打雷，這就是所謂的氣勢。如果關隘路窄，大山深谿，曲折迂迴、幽暗不明的狹道，一人把關，千人也無法通過，這就是所謂的地勢。如果乘敵人沒有防備，疲憊飢渴，大風大浪的驚駭，將吏驕橫，前軍營陣尚未紮穩，或後軍渡河過至一半的時機進攻，這就是所謂的因勢。如果遇到這種情形，應當隱藏我軍的形跡，出乎敵人意料之外，用奇兵或伏兵，乘機擊敗敵人。所以好的將領用兵，應察明時機狀況而利用士兵的銳氣，還要鼓舞使其高昂，以身作則讓他們更勇猛，獎賞使其努力，激勵使其振奮。就像猛禽攫捕獵物，猛獸進行搏鬥一樣，必定磨利牠的爪牙，估量力道而撲去，太遠則氣容易衰竭而搆不到，太近則行動暴露也不能成功。所以好的將領作戰，必先整頓三軍，磨利他的器械，安排奇兵與伏兵，估量形勢，太遠則戰力衰竭達不到目標，太近則敵人發現沒有奇襲效果。如果不明白這個關鍵，乃是智慧不及鳥獸，又哪裡能勝過強敵呢？所以必須激勵士氣，使其奮勇，才能沒有打不倒的敵陣，沒有攻不破的城池，力量小而要打敗力量大的，必然要靠運用情境。

九、《通典》卷一五七

凡是賊徒，好相掩襲。須擇勇敢之夫，選明察之士，兼使鄉導，潛歷山原，密其聲，晦其跡。或刻為獸足而印履於中途，或上託微禽而幽伏於叢薄，然後傾耳以遙聽，竦目而深視，專智以度事機，注心而候氣色。見水痕則可以測敵濟之早晚，觀樹動則可以辨來寇之驅馳也。故煙火莫若謹而審，旌旗莫若齊而一。爵賞必重而不欺，刑戮必嚴而不舍。敵之動靜而我必有其備，彼之去就而我心審其機，豈不得保其全哉？

【語譯】大凡賊徒都善於偷襲。必須挑選勇敢的人，及心細的人，同時派遣嚮導，祕密進入山林，不露任何形跡。偽裝的方法，或者刻獸足為鞋底走在路上，或是扮成禽鳥而靜靜躲在草莽中，然後耳聽八方，眼觀四面，運用智慧來揣測敵情，專心注意各種徵兆。看見水痕，可以推測敵人渡河的時間，觀察樹木的搖動情況，可以判斷敵人正急馳而來。所以通訊的煙火必須審慎注意，旗幟必須整齊一致。對這些斥候的功勞賞賜必須優厚而不欺，罪罰也是嚴厲而不寬貸。敵人的動靜我方必有防範，敵人的行動我方都了解其企圖，豈不是有了萬全的保障呢？

十、《通典》卷一五九

《軍志》云：「失地之利，士卒迷惑，三軍困敗。飢飽勞逸，地利為寶。」不其然矣？是以彼此俱利之地，則讓而設伏，趨其所愛，而傍襲之。彼此不利之地，則引而佯去，待其半出而邀擊之。平易之所，則率騎而與陣。險隘之處，則勵步以及徒。往易歸難，左險右阻，沮洳幽穢，垣埳溝瀆，此車之害地也。有入無出，長驅回驅，大阜深谷，洿泥塹澤，此騎之敗地也。候視相及，限壑分川，斯可以縱弓弩。聲塵相接，深林盛薄，斯可以奮矛鋌。蘆葦深草，則必用風火。蔣潢翳薈，則必率其伏。平坦則方布，污斜則圓形；左右俱高則張翼，後高前下則銳衝。

【語譯】《軍志》說：「失去地形上的優勢，士卒就會不知所措，軍隊就會陷於被動而失敗。是否飢飽、勞逸與否，這些考慮尚不及掌握地利來得重要。」難道不是這樣嗎？所以敵我雙方均有利的地形，就應讓開給敵方而設伏兵，針對敵方必爭的目標予以側襲。對雙方都不利的地形，則引兵假裝撤退，等敵人行進一半，首尾不能相救時予以截擊。平原地形則率領騎兵與敵人佈陣對峙。險要狹隘的地方，則勉勵步兵作戰。容易前進而撤退困難，左右都是險地，潮濕地長滿雜草而視線不明，以及有牆垣水溝障礙的地方，都不利於車兵的行進。可以進而難以出，已經奔馳很遠而趕路回兵，以及高山深谷，沼澤山塹等，都是騎兵失敗的地方。敵我雙方彼此可以看見，但是各居山谷或河川的一岸，此時可以用弓弩。雙方相接，聲音可以聽見，卻在茂密的林中，則宜於用長矛擊刺。在蘆葦茂草的地方，必順風向火攻。在水草繁密的地方，必須搜索對方有無伏兵。平坦地形適合佈方陣，低窪傾斜的地方則用圓陣。兩邊地勢皆高則張開兩翼，前低後高的地形則用銳陣衝鋒。

凡戰之道，以地形為主，虛實為佐，變化為輔，不可專守險以求勝也。仍須節之以金鼓，變之以權宜，用逸待勞，掩遲為疾，不明地利，其敗不旋踵矣。或有進師行軍，不因嚮導，陷於危敗，為敵所制。左谷右山，束馬懸車之逕，前窮後絕，雁行魚貫之岩，兵陣未整而強敵忽臨，進無所憑，退無所固，求戰不得，自守莫安，住則日月稽留，動則首尾受敵，野無水草，軍乏資糧，馬困人疲，智窮力極。一人守險，萬夫莫向，如彼要害，敵先據之，如此之利，我已失守，縱有驍兵利器，亦何以施其用？事至於此，可不慎之哉？若此死地，疾戰則存，不戰則亡。當須上下同心，併氣一力，抽腸濺血，一死一前，因敗為功，轉禍為福矣。

【語譯】作戰須以地形為主，虛實變化為輔，不能只靠扼守險要地形求勝。必須以指揮號令加以節制，根據情況運用權謀，以逸待勞，偽慢而實快，如果不了解地利，那麼馬上就會遭遇失敗。也有進兵不用嚮導，以致困於危險失敗的境地，被敵人所控制。如果是左臨深谷，右逼山崖，車馬通行困難，前無進路，又後退不得，只能在以單列通過的小徑上行進，兵陣不整齊，而突然遭遇強敵，前進則無依靠，後退又無所固守，戰也戰不得，守也守不好，停留則只是延誤時機，一有行動則首尾被敵人夾擊，田野中沒有水草，軍中沒有存糧，人馬均疲憊不堪，能用的謀略，能使的力氣都已用盡。又或是一人據守險要，萬夫莫當的地形，這麼重要的地形，敵人已先拿下；這麼重要的據點，我方已失守，即使有勇敢的兵士，精銳的武器，又何能派上用場？事情到這種地步，可以不慎重處理嗎？若遇到這種必死之地的情況，迅速作戰則可以求生，不戰則必然覆亡。應上下一心，合作一致，即使流血陣亡，死了一個就有一個補上，才有可能轉敗為勝，因禍為福。

十一、《通典》卷一五九

若敵人在死地，無可依固，糧食已盡，救兵不至，謂之窮寇。擊此之法，必開其去道，勿使有鬥心，雖眾可破。當以精騎分塞要道，輕兵進而誘之，陣而勿戰，敗謀之法也。

【語譯】如果敵人處在死地，沒有可以據守的陣地，糧食已盡，沒有救兵援助，這稱之為「窮寇」。對付窮寇的方法是，網開一面，讓敵人有一退路，以瓦解其鬥志，那麼敵人再多也可擊敗。同時應以精銳的騎兵分別駐守主要道路，用行動迅速的部隊前往誘敵，佈陣而不交戰，這就是應付敵人在死地突圍求生的戰法。

十二、《通典》卷一五二

夫戰之取勝者，豈求之於天地乎？在因人以成之。歷觀古人之用間，其妙非一，即有間其君者，有間其親者，有間其賢者，有間其能者，有間其助者，有間其鄰好者，有間其左右者，有間其縱橫者。故子貢、史廖、陳軫、蘇秦、張儀、范睢等，皆憑此術而成功也。

【語譯】作戰之所以得勝，難道是向天地求來的？乃是憑著人的努力所得來的。縱觀古人使用間諜的方法，巧妙多端，有對敵國君主用間的，有向其親近的人用間的，有向其賢者用間的，有向其能幹的人用間的，有對其來援者用間的，有向其友好者用間的，有向其左右的人用間的，也有向其外交策士用間的。所以子貢、史廖、陳軫、蘇秦、張儀、范睢等人，都是靠著這些方法成功的。

且間之道，其有五焉：有因其邑人，使潛伺察而致詞焉；有因其仕子，故洩虛假，令告示焉；有因敵之使，矯其事而返之焉；有審擇賢能，使覘彼向背虛實而歸說之焉；有佯緩罪戾，微漏我偽情浮計，使亡報之焉。凡此五間，皆須隱祕，重之以賞，密之又密，始可行焉。若敵有寵嬖，任以腹心者，我當使間遺其珍玩，恣其所欲，順而傍誘之；敵有重臣失勢，不滿其志者，我則啗以厚利，詭相親附，採其情實而致之；敵有親貴左右之多詞誇誕，好論利害者，我則使間，曲情尊奉，厚遺珍寶，揣其所間而反間之；敵若使聘於我，我則稽留其使，令人與之共處，矯致殷勤，偽相親暱，朝夕慰喻，倍供珍味，觀其辭色而察之，仍朝暮令使獨與己伴居，我遣聰明者，潛於複壁中，聽其所聞。使既遲違，恐彼怪責，必是竊論心事，我知計遣而用之。

【語譯】用間的方法有五種：有利用當地人，使其潛伏觀察而向我報告的；有利用對方人員，故意洩露假情報讓他回去上報的；有利用敵人使者，以錯誤的訊息誤導他再讓他回去；有選擇有才幹的人，讓他觀察對方部署與力量虛實來回報；有故意放鬆罪犯，假意透露錯誤的情報，讓他逃脫回稟。這五種用間的方法，都必須祕密其事，予以厚賞，極度保密，才可以進行。如果敵方有寵信的心腹，我應派間諜送他寶貨，滿足他的欲望，順勢利誘他。敵方若有大臣失去權勢，心懷不滿的，我就以厚利引誘他，假意接近他，以探求對方的實情；對方若有親貴左右大臣，好說大話，愛搬弄是非的，就派間諜加以奉承，厚贈寶物，揣摩他的動向而施以反間計；敵人若派使者來，我就挽留他，派人和他在一起，假意殷勤招待，偽示友好，早晚問候，特別款待美食，觀察他的言行，早晚都有我方人員作伴，同時再派耳聰目明的人躲在牆壁的夾層中，竊聽他們的計畫。使者既然拖延不能回去，恐怕受到責怪，一定會私下討論心事，我方知道他們的計策後便可將計就計，送他們回去而加以利用。

且夫，用間以間人，人亦用間以間己；己以密往，彼以密來。理須獨察於心，參會於事，則不失矣。若敵使人來，欲候我虛實，察我動靜，覘知事計而行其間者，我當佯為不覺，舍其厚利而善啗之，舍止而善飯之，微以我偽言誑事，示以前卻期會，則我之所須，為彼之所失者，因其有間而反間之。彼若將我虛而以為實，我即乘其弊而得其志矣。夫水所以能濟舟，亦有因水而覆沒者。間所以能成功，亦有憑間而傾敗者。

若束髮事主，當朝正色，忠以盡節，信以竭誠，不詭伏以自容，不權宜以為利，雖有善間，其可用乎？

【語譯】而且，我方運用間諜對付敵人，敵人也會利用間諜來對付我；我派遣密探去，對方也派密探來。必須我能明察於心，並以事理加以驗證，才不會被矇蔽。如果敵方派人來，想要偵查我方的虛實，觀察我方的動靜，刺探我方的計畫與情況來進行其間諜活動的，我方應當假裝沒有發覺，以厚利滿足他，以食宿熱誠款待他，再巧妙地把我方的一些進軍退兵會師等假情報透露出來，那麼即可製造我方所期待，而對方最不利的情況，也就是利用對方的間諜來進行反間活動。對方如果將我方的假情報信以為真，我就能利用對方的錯誤來獲勝了。水能夠行船，也能夠使船覆沒。用間諜可以得到勝果，但是也有使用間諜不當而失敗的。如果一個國家的臣子自青年時即事奉其君主，在朝中正直不阿，盡忠職守，竭誠而有信用，不偽詐取得君主的寵信，不使心計為個人牟利，那麼即使有一流的間諜，又哪裡有得逞的機會呢？

十三、《通典》卷一四八

諸兵士將戰，身貌尫弱，不勝衣甲。又戎具所施，理須堅勁，須簡取強兵，并令試練器仗。兵須勝舉衣甲，器仗須徹札陷堅，取甲試令斫射，然後取中。

【語　譯】兵士的任務是作戰，如果身體佝僂虛弱，連甲冑裝具也無法負荷。並且使用各項的軍械，均要講求堅固強勁，必須挑選強健的兵士，並讓他們熟習軍器的使用。兵士必須負荷得了護甲的重量，器械必得能夠穿刺裝甲，摧毀敵人的防護，可以拿甲具來，令兵士試砍試射，然後挑選合格的。

每營中兩廂，置土馬十二匹，大小如常馬，具鞍。令士卒擐甲冑，櫜弓矢，佩刀劍，持矛盾，左右上下，以便習其事。

【語　譯】每個軍營的兩旁，都設置土馬十二匹，大小如同真的馬，套上鞍具。令士卒全副武裝，戴甲冑，背負弓箭，佩刀劍，拿矛盾，從左右兩側練習上下馬，以使動作熟練。

十四、《通典》卷一四八

諸大將出征，且約授兵二萬人，而即分為七軍。如或少，臨時更定。中軍四千人內揀取戰兵二千八百人，五十人為一隊，計五十六隊。戰兵內：弩手四百人，弓手四百人，馬軍千人，跳盪五百人，奇兵五百人。左右虞候各一軍，每軍各二千八百人，內各取戰兵一千九百人，共計七十八（六）隊。戰兵內：每軍弩手三百人，弓手三百人，馬軍五百人，跳盪四百人，奇兵四百人。左右廂各二軍，軍各有二千六百人，各取戰兵一千八百五十人，共計一百四十八隊。戰兵內：每軍弩手二百五十人，弓手三百人，馬軍五百人，跳盪四百人，奇兵四百人。馬步通計，總當萬四千人，共二百八十隊當戰，餘六千人守輜重。

【語譯】各大將出征，假定授兵二萬人，就可分為七軍，如果更少，則視情況更改。中軍四千人，其中挑選戰鬥兵二千八百人，以五十人為一隊，合計五十六隊。戰鬥兵中又分：弩手四百人，弓手四百人，騎兵一千人，突擊兵力五百人，機動兵力五百人。左右虞候各領一軍，每軍各二千八百人，其中各取戰兵一千九百人，兩軍共戰鬥兵七十六隊。戰兵內：每軍有弩手三百人，弓手三百人，騎兵五百人，突擊兵力四百人，機動兵力四百人。左右廂各二軍，每軍各二千六百人，各廂挑選戰鬥兵一千八百五十人，四軍共計一百四十八隊的戰鬥兵。每軍戰鬥兵內：弩手二百五十人，弓手三百人，騎兵五百人，突擊兵力四百人，機動兵力四百人。以上七軍，總計騎兵步兵共一萬四千人，二百八十隊充任戰鬥兵。其他六千人負責糧秣軍器。

諸圍三徑一，尺寸共知。復造幕，尺丈已定，每十人共一幕。且以二萬人為軍，四千人為營在中心。左右虞候、左右廂四軍，共六總管，各一千人為營。兵多外面逐長二十七口幕，橫列十八。六面援中軍。六總管下各更有兩營。其虞候兩營兵多，外面逐長二十七口幕，橫列十八口幕。四總管有營，外面逐長二十二口幕，橫列十八口幕。四步下計，當千一百三十六步。又十二營街，各別闊十五步，計當一百八十步。通前當千三百十六步。以圍三徑一，取中心豎徑，當四百三（二）十九步以下。下營之時，先定中心，即向南北東西，各步二百四十步，並令南北東西及中心標端。四面既定，即斜角更安四標準，南北令端。從此以後，分壁配營極易。計二萬兵，除守輜重六千人，馬軍四千人，步兵令當二百隊。別取六步三尺二寸地，並衡塞總盡。若地土寬廣，不在賊庭，即五步以上幕準算折。若地狹步置不得，即須逐角長斜，計算尺寸，一依下營法。

【語譯】圓周的長度是直徑的三倍，依此可以推算尺寸，用以制定營幕的大小，每十個人一個營幕。以兩萬人的軍隊來說，四千人在中心紮營，左右虞候、及左右兩廂各有前後兩軍，共計六個總管，各一千人屯駐一個營，如果兵數超過一千人，可以在外圍增加每列帳幕的數目，最多到二十七個，（其餘各列的排列原則是）每橫列十八個帳幕，六軍呈六邊形拱衛中軍。六個總管之下各轄兩營，其中兩虞候各所率領的兩營兵數較多，其最外圍一列可以排到二十七個幕，其他橫列仍是十八個幕。左前、左後、右前、右後四總管所轄的營，其最外圍一列可以多達二十二個帳幕，其餘橫列各十八個帳幕。以每幕占地四步計算，周邊長共計一千一百三十六步。此外營區內保留十二條通道，每條通道寬十五步計算，合計一百八十步，連同前者共計一千三百十六步。以圓周為直徑三倍的原則來取，直徑應為四百二十九步弱。下營時，先定中心點，然後向東西南北各走二百四十步，並把東西南北四端及中心點都標示妥當。四面都標定好了，然後在四個斜角安放四個標示，根據南北線對齊。這樣定位之後，就很容易分配各營區。總計兩萬兵力，除了負責輜重後勤的六千人，騎兵四千人外，把步兵分成二百隊。另外在營區外沿留六步三尺二寸的縱深地帶設置柵欄等障礙物。如果營地寬廣，也不在敵後，就可以按每個帳幕占地五步的寬度計算。如果在狹窄地形，不能依法安置，就依所在地形，把某些角的長度調整計算尺寸，原則還是和下營法一樣。

凡以五十人為隊，其隊內兵士，須結其心。每三人自相得意者，結為一小隊；又合三小隊得意者，結為一中隊；又合五中隊為一大隊。餘欠五人：押官一人，隊頭執旗一人，副隊頭一人，左右傔旗二人，即充五十。至於行立前卻，當隊並須自相依附，如三人隊失一人者，九人隊失小隊二人者，臨陣日仰押官、隊頭便斬不救人。陣散，計會隊內少者，勘不救所由，斬。

【語譯】以每五十人為一隊，隊內士兵，必須團結一心。每三個彼此能配合的，結成一小隊；又合有默契的三個小隊結成一中隊；又結合五個中隊為一個大隊。其餘又有五個大隊幹部：押官一人，隊頭掌旗的一人，副隊頭一人，左右護旗兵二人，共計五十人。每當行進、停止、前進、後退時，各隊必須相互幫助，如果三人的小隊損失了一人，九人的中隊損失了二人的，在戰陣中希望押官、隊頭立即處斬不救援的人。作戰告一段落，計算隊內損失的人數，查明沒有援救的原因，當斬則立斬。

十五、《通典》卷一四九

諸軍將五旗，各準方色：赤，南方，火；白，西方，金；皂，北方，水；碧，東方，木；黃，中央，土。土既不動，用為四旗之主，而大將行動，持此黃旗於前立。如東西南北有賊，各隨方色舉旗，當方面兵急須裝束。旗向前亞方面兵急須進。旗正豎，即住；臥，即迴。審細看大將軍所舉之旗，須依節度。

【語　譯】各軍將領的五方位旗，各依照方位的代表顏色而設：紅色代表南方，屬火；白色代表西方，屬金；黑色代表北方，屬水；青色代表東方，屬木；黃色代表中央，屬土。土既不動，因而用作四旗的主導，大將軍行動時，拿這黃旗立在前面。如果東西南北四方有敵人，就根據各方位的顏色舉旗，那一方位的隊伍就必須立即整備待發。旗向前壓低，那方位的士兵就須迅速前進；

旗直立不動，部隊就停止不前；旗放倒，就回軍。仔細注意大將軍所舉的旗號，必須依此接受指揮調度。

諸每隊給一旗，行則引隊，住則立於隊前。其大總管及副總管，則立十旗以上，子總管則立四旗以上，行則引前，住則立於帳側。統頭亦別給異色旗，擬臨陣之時，則辨其進退。駐隊等旗，別樣別造，令引輜重。各令本軍營隊識認其旗。如兵數校多，軍營復眾，若以異色認旗，遠看難辨，即每營各別畫禽獸，自為標記亦得。不然，旗身旗腳但取五方色迴互為之，則更易辨。唯須營營自別，務使指麾分明。

【語譯】各隊發給一面旗幟，行進時作為前導，停止時則立在隊前。大總管和副總管，必須排列十面旗以上。大總管所轄各軍的總管，要立四面旗以上。行進時在前面作前導，停止時則立在帳幕兩側。各級部隊的統領頭目也發給不同顏色的旗幟，以備在戰陣時分辨其隊伍的進退狀況。後備隊伍的旗幟另做成別的樣式，命他們作為引導輜重的旗幟。本軍各營隊都必須能認得自己部隊的旗幟。如果軍隊數目多，軍營也多，只用不同顏色來辨認旗幟，遠處看難以認出，因此每營各自在旗上畫禽獸圖樣作為標記也可以。不然在旗面上、旗桿上用五方色搭配上色，就更容易辨認。不過必須使每營各自都能分別，務必指揮時能清楚辨明。

諸教戰陣，每五十為隊，從營纏槍幡，至教場左右各廂，各依隊次解幡立隊。隊別相去各十步，其隊方十步，分布使均。其駐隊塞空，去前隊二十步。列布訖，諸營十將一時即向大將處受處分。每隔一隊，定一戰隊，即出向前，各進五十步。聽角聲第一聲絕，諸隊即一時散立；第二聲絕，諸隊一時捺槍卷幡，張弓拔刀；第三聲絕，諸隊一時舉槍；第四聲絕，諸隊一時籠槍跪膝坐，目看大總管處大黃旗，耳聽鼓聲。黃旗向前亞，鼓聲動，齊唱「嗚呼！嗚呼！」齊向前，至中界，一時齊鬥，唱「殺」齊入。敵退敗訖，可趁行三十步，審知賊徒喪敗，馬軍從背逐北。聞金鉦動，即須息叫卻行，膊上架槍，側行迴身，向本處散立。第一聲絕，一時捺槍，便解幡旗；第二聲絕，一時舉槍；第三聲絕，一時簇隊。一看大總管處兩旗交，即五隊合一隊，即是二百五十人為一隊，其隊法及卷幡、舉槍、簇隊、鬥戰法並依前。聽第一聲角絕，即散，二百五十人為一隊；第二聲角絕，即散，五十人為一隊。如此凡三度，即教畢。諸十將一時取大將賞罰進止。第三角聲絕，即從頭卷引還軍。

【語譯】戰陣的教練，以五十人為一隊，從營地捆好槍和旗幟，到教練場的左右兩廂，各按部隊的次序張開旗幟站好隊形。各隊間隔距離各十步，每隊占地十步平方，分布平均。駐隊分佈在戰隊與戰隊的間隔之中，離前面的戰隊二十步。佈陣完畢，各營大小將領同時到大將所在聽取指令。每隔一隊，指定一個戰隊，指定的隊伍就向前出列，各跨出五十步。聽角聲第一響吹完，各隊同時散開立定；第二聲吹完，各隊同時端槍捲旗，拉弓拔刀；第三聲吹完，各隊一齊舉槍；第四聲吹完，各隊一齊收槍跪坐，眼睛注視大總管所在的大黃旗，耳朵注意聽鼓聲。黃旗向前壓低，鼓聲擂動，齊聲呼喊，一齊前進到中界線，同時演習格鬥動作，高呼殺聲，衝入假想的敵陣。敵人退敗後，可追擊三十步，確定敵人是潰敗而非佯退後，騎兵即從後方出來追擊敵兵。聽到金鉦鳴起，就停止吶喊，向後退兵，把槍架上胳膊，側面轉身，回到原來的地方散開站立。第一聲畢，同時端槍，打開旗幟；第二聲畢，同時舉槍；第三聲畢，同時成原來隊形集合部隊。一看到大總管把兩面旗幟相交，就表示五隊合成一隊，也就是兩百五十人成一隊，其操練的隊形和捲旗、舉槍、集合、戰鬥的步驟都和前面所說的方法一樣。聽到第一角聲畢，就散開，二百五十人為一隊；第二角聲畢，就散開，五十人為一隊。就這樣反覆做三次，即告教練完畢。各級將領同時接受大將的賞罰和命令。第三角聲畢，就從前面依序帶領部隊回營。

十六、《通典》卷一四九

又教旗法曰：凡教旗，於平原曠野登高遠視處，大將居其上，南向，左右各置鼓十二面，角十二具，左右各樹五色旗，六纛居前，列旗次之，左右牙官駐隊如偃月形為後騎。下臨平野，使士卒目見旌旗，耳聞鼓角，心存號令。乃命諸將分為左右，皆去兵刃，精新甲冑。幡幟分為左右廂，各以兵馬使長班布其次。陣間容陣，隊間容隊，曲間容曲，以長參短，以短參長，迴軍轉陣，以後為前，以前為後，進無奔迸，退無趨走。以正合，以奇勝，聽音睹麾，乍合乍離。合之與離，皆不離中央之地。左廂左向而旋，右廂右向而旋，左右各復本初。白旗掉，鼓音動，左右各雲蒸鳥散，彌川絡野，然而不失部隊之疏密；朱旗掉，角音動，左右各復本初，前後左右，無差尺寸。散則法天，聚則法地。如此三合而三離，三聚而三散，不如法者，吏士之罪，從軍令。於是大將出五綵旗十二口，各樹於左右廂，每旗命壯勇士五十人守旗，選壯勇士五十人奪旗，左廂奪右廂，右廂奪左廂，鼓音動而奪，角音動而止。得旗者勝，失旗者負，勝賞而負罰。離合之勢，聚散之形，勝負之理，賞罰之信，因是而教之。

【語譯】教練旗號的方法是：教旗的地點，選在平原曠野，可以登高遠望的地方舉行，大將在高處，面向南方，左右各安置鼓十二面，號角十二具，左右各插五色旗，六面大軍旗安排在最前面，其他旗子依次排放，左右是屬官、衛隊排成半月形作為擔任警戒的後騎。下面俯臨平原曠野，使士卒能看到旗幟，聽見鼓角的聲音，注意指揮的號令。然後命令各將領分成左右兩列，不帶兵器，穿著精良的甲冑。旗幟分成左右兩廂，各以一個兵馬使指揮安排次序。部隊的隊形，原則是陣與陣間能容納一個陣的間隔，隊與隊間能容納一個隊，曲與曲間能容納一個曲，各種兵器要長短互相搭配，軍隊迴轉改變正面，即以後隊變前隊，前隊變後隊，前進時不猛衝，後退時不爭跑，以正兵與敵合戰，以奇兵掩襲取勝，耳聽鼓角的聲音，目視旗幟的指揮，時而集中，時而分散。集中與分開，都不超過中央的界線範圍。左廂向左轉，右廂向右轉，左右廂各回原位。白旗擺動，鼓音響起，左右各自散開，佈滿平野，但是不能打亂部隊的建制；紅旗擺動，角聲響起，則左右廂各回原位，而前後左右的差距，要做到尺寸不差。散開時是效法天的無所不在，集合時是效法地的凝定不移。這樣三次集合三次分開，三次聚集三次打散，不依法度的，是幹部與士兵的過錯，要依軍法治罪。然後大將用五色彩旗十二面，各立在左右廂的陣前，每一旗命令健壯的勇士五十名守旗，挑選五十名精壯的勇士搶旗，左廂搶右廂的，右廂去搶左廂的，鼓音響起就開始搶奪，角聲響起就停止。搶到旗子的得勝，旗子被奪的算輸，賞勝者而罰輸者。部隊戰鬥中的分開、集中的陣勢，緊密、疏散的隊形，勝利和失敗的道理，信賞必罰的原則，就是這樣教練的。

十七、《通典》卷一五七

諸軍將戰，每營跳盪隊、馬軍隊、奇兵隊、戰鋒隊、駐隊等，分析為五等。當軍等別，各令一官押領。出戰之時，先用某等兵戰鬥，如更須兵，以次更取某等兵。用盡，當營輜重隊，不得輒用。亦各一官押領使堅壘。各令知其隊伍，不使紛雜，自餘節度，一依橫陣。

【語譯】各軍將戰之前，每營把軍隊區分為跳盪隊、騎兵隊、奇兵隊、戰鋒隊、後備隊等五種部隊。擔任各種不同任務的部隊，各派一名軍官統轄率領。出戰的時候，先用某些部隊作戰，如果還需要兵力，就接著派遣兵力投入。無兵可派時，也不能用營中的輜重部隊投入戰鬥。輜重部隊也派一名軍官統率，令其堅守工事。各營兵士由其部隊的幹部來管理，不互相混雜，其他的調度原則，均依照佈橫陣時的原則。

十八、《通典》卷一五七

諸道狹不可並行者，即第一戰鋒隊為首，其次右戰隊次之，其次左戰隊次之，其次右駐隊次之，其次左駐隊次之。若道平川闊，可得並行者，宜作統行法。其統法：每統，戰鋒隊居前，兩戰隊並行次之，又兩駐隊並行次之，餘統準此。若更堪齊頭行者，每統五隊，橫列齊行，後統次之。如每統三百人，簡取二百五十人，分為五隊，第一隊為戰鋒隊，第二、第三隊為戰隊，第四、第五隊為駐隊，每隊隊頭一人，副隊頭一人；其下等五十人，為輜重隊，別著隊頭一人，副隊頭一人，擬戰日押輜重遙為聲援。若兵數更多，皆類此。

【語譯】行軍時如果道路狹窄不能並行時，就以第一戰鋒隊作為前，再者右戰隊作第二，再者左戰隊排第三，再者右駐隊，跟著是左駐隊。如果道路平坦寬闊，可以容納部隊並行的話，就應編成「統」來行軍。統的編成方法是：每一統，戰鋒隊在最前面，兩戰隊並排跟著，又兩駐隊並排跟著，其他的各統，也應按照這個原則來做。如果更能齊頭並進的話，就把每統分成五隊，以橫排的方式一齊行進，後面各統接著。如果每統有三百人，就選二百五十人，分作五隊，第一隊作為戰鋒隊，第二、三隊作為戰隊，第四、五隊作為後備隊，每隊設隊頭一人，副隊頭一人；另外的五十人，作為輜重隊，另派隊頭一人，副隊頭一人，預備在作戰的時候運送糧草裝備，並與作戰部隊遙相呼應聲援。如果兵數更多，也是按照這個原則類推。

十九、《通典》卷一四八

危阪高陵，谿谷阻難，則用步卒。平原廣衍，草淺地堅，則用車。追奔逐北，乘虛獵散，反復百里，則用騎。故步為腹心，車為羽翼，騎為耳目。三者相待，參合迺行。

【語譯】地形險峻高聳，溪谷橫阻難渡，就運用步兵。地形平坦遼闊，草稀疏而土質堅硬，適合用兵車作戰。追擊敗逃的敵人，打擊敵人攻防的空隙，掃盪潰散的敵人，來來往往百里的路程，則適合用騎兵。所以步兵是主體，車兵是輔助，騎兵就是耳目。三者互相依靠，必得配合才能行動。

二十、《通典》卷一五七

諸大將置鼓四十面，子總管給十面，營別給鼓一面，行即負隨纛下，晝夜及在道有警急，擊之傳響，令諸軍嚴警，兼用防備賊侵逼。如軍行引之時，先軍卒逢賊寇，先軍即急擊之鼓，中腰及後軍聞聲，急須向前相救；中腰逢賊，即須擊鼓，前軍聞聲便住，後軍聞聲須急向前赴救；後頭逢賊，即擊鼓，前頭、中腰聞聲即須住，並量抽兵相救。如發引稍長，鼓聲不徹，中腰支料更須置鼓傳響，使前後得聞。其諸營自須著鼓一面，用防夜中有賊犯營，即急擊，令諸軍有警備。

【語譯】各大將配置鼓四十面，子總管配置十面，每營另給鼓一面，行軍時揹著隨在大軍旗下，早晚以及在道路上有警急情況發生，就擊鼓傳聲用以命令各軍加強戒備，同時用來防範敵人偷襲進犯。如果軍隊行進時，前行的軍隊突然遇到敵人，前軍立刻緊急擊鼓，中間部隊及後隊聽到鼓聲，必須即刻向前搭救；中間部隊遇到敵人，就立刻擊鼓，前軍聽到鼓聲就必須立刻停止，後軍聽到鼓聲就必須立即趕前營救；後面的部隊遭遇敵人，就擊鼓前軍、中間部隊聽到聲音就立即停止前進，並且量力抽兵去搭救。如果隊伍間距很長，鼓聲不能傳遍全軍，中間部隊的調度人員就必須準備鼓來傳遞信號，讓前後都聽得到。各營都須準備一面鼓，以防備夜間有敵人偷襲時，就立刻急播，讓各部隊能有所戒備。

二十一、《通典》卷一五七

諸軍馬行動，得知次第。出，先右虞候馬軍為首，次右虞候步軍，次右軍馬軍，次右軍步軍，次前軍馬軍，次前軍步軍，次中軍馬軍，次中軍步軍，次後軍馬軍，次後軍步軍，次左軍馬軍，次左軍步軍，其次左虞候馬軍，次左虞候步軍。其馬軍去步軍兵一、二里外行，每有高處，即令三五騎馬於上立，四顧以候不虞。以後餘軍，準前立馬四顧。右虞候既先發，安營路行道路，修理泥溺、橋津，檢行水草；左虞候排窄路、橋津，捍後，收拾闌遺，排比隊仗，整齊軍次，使不交雜。若軍迴入，先左虞候馬軍，次左虞候步軍，次左馬軍，次左步軍，其次第準前卻轉。其虞候軍職掌，準初發交換。

【語譯】各軍行軍，應知道行進的秩序。出行時，先以右虞候的馬軍為前導，接著是右虞候的步軍，再接著是右軍的馬軍，跟著是右軍的步軍，接著是前軍的馬軍、前軍的步軍，再來是中軍的馬軍、中軍的步軍，再跟著是後軍的馬軍、後軍的步軍，再接著是左軍的馬軍、左軍的步軍，再後面是左虞候的馬軍、左虞候的步軍。各馬軍先開進在步軍的一、二里外前行，遇到高地，就派遣三五騎兵到高地上四處瞭望，以防意外突襲。以下的各部隊，也依此方式派騎兵眺望。右虞候的軍隊既作為前導，就必須先安頓營地，搜索沿路有無設伏，處理路上的泥濘、搭設便橋，查看沿途的水源草料；左虞候的任務是排除路障、拆去便橋，防備後方的安全，收取前面軍隊遺留下的物資，整頓行軍的隊伍秩序，督導落隊失次的兵士，使各軍建制秩序不致紊亂。如果是回軍時，就由左虞候馬軍作前導，接著是左虞候步軍、左軍馬軍、左軍步軍等等，次序與出軍時正相反。左右虞候的任務，也依照出發時的任務對調。

二十二、《通典》卷一五七

諸軍討伐，例有數營，發引逢賊，首尾難救。行引之時，須先為方陣，應行之兵，分為四分，輜重為兩道引，戰鋒等隊亦為兩道引：其第一分初發，輜重及戰鋒分為四道行，兩行輜重在中心雙引，兩行戰鋒隊並各在輜重外，左右夾雙引；其次一分，戰鋒隊與前般左右行戰鋒隊相當，輜重隊與前行輜重相當；又其次一分，準上；最後一分，亦準上初發第一分引，戰鋒、輜重相當。如其逢賊，前後分四行，兩行輜重抽縮，兩行戰鋒橫引，作前面甚易。其次兩分，先作四行長引，其戰鋒即在外，便充兩面。其後分亦先作四行，其輜重進前，戰鋒隊橫列相接，便充後面亦易。其方陣立即可成。如此發引，縱使狹路，急緩亦得成陣。每軍戰鋒等隊，須過本軍輜重尾，輜重稠行，戰鋒等隊稠引，常令輜重併近前頭。戰鋒隊相去十步下一隊，輜重隊相去兩步下一隊，如此行，即須相裹得，若逢川陸平坦，彌加穩便。其戰鋒、輜重等隊，分布使均。

【語譯】各軍出兵征討，按例均有幾個營出發，如果行軍時遇到敵軍，首尾往往過遠，救助不及。行軍編隊時，必須先作方陣隊形的規劃，將預備出動的兵力，分成四分，輜重隊分兩路前進，戰鋒等隊亦分兩路前進：第一分開始出發，輜重隊及戰鋒隊分成四路前進，輜重隊的兩行並排在中間前進，兩行戰鋒隊各在輜重隊外側，守護輜重隊的左右兩側而前進；第二分的戰鋒隊也和第一分的戰鋒隊一樣，走在左右兩側夾護，輜重隊也是跟著第一分的輜重隊，走在中間兩路；第三分比照第二分；最後的第四分也是比照第一分的行進方式，戰鋒隊跟著前分的戰鋒隊挾兩側前進，輜重隊跟著前分的輜重隊在中間兩路前進。如果遇到敵人時，最前面的四行，兩行輜重隊向後縮，兩行戰鋒隊橫向展開，很容易就形成面向前的作戰正面。其次的兩分，原本就是四行的行軍縱隊，戰鋒隊本來就在外側，就地即是對外的兩個正面。最後一個分原本也有四行縱隊，其中的輜重隊向前進，戰鋒隊面向後變成橫列展開，很容易就形成作戰正面。方陣立即可以完成。這樣的行軍隊形，即使在狹路，緊急情況下也可以展開備戰的陣勢。各軍的戰鋒等隊，行軍的長距必須超過輜重隊，輜重隊以密集隊形前進時，戰鋒等隊也以密集隊形前進，原則上使輜重隊（與戰鋒隊）齊頭並行。戰鋒隊每隔十步一個隊，輜重隊每隔兩步一個隊，這樣行軍，就須相互緊密配合，若遇到平坦地形，更是穩當便利。戰鋒隊和輜重等隊要搭配均勻。

二十三、《通典》卷一五七

諸逢平原廣澤，無險可恃，即作方營。兵既有二萬人，已分為七軍，中軍四千人，左右四軍各二千六百人，虞候兩軍各二千八百人。左右軍及左右虞候軍別三營，六軍都當十八營，中軍作一大營。如其無賊，田土寬平，每營中間使容一營。如地狹，不得使容一營，中軍在中央，六軍總管在四畔，象六出花。軍出日，右虞候引前，其營在中營前右廂向南，左虞候押後，在中營後左廂近北，結角，兩虞候相當，狀同丑未。若左虞候在前，即右虞候在後，諸軍並卻轉。其左右兩廂營在四面，各今依近本軍卓幕，得相統攝，急緩須有救援。若欲得放馬，其營幕即狹長布，務取營裡寬廣，不使街巷窄狹。如其拓隊兵少，量抽不戰隊相助。如兵有多少，準數臨時加減。其隊去幕二十步，布列使均。諸地帶半險，須作月營：其營單列，面平背險，兩翅向險，如月初生。其營相去，中間亦令容一營。如逼賊庭，不得使容一營。若有警急，畜牧並於營後安置，其隊依前，於營外去幕二十步，均列布之。

【語譯】凡遇到有平原和水澤的地形，無險可守，就結成方營據守。兵力若有二萬人，已分成七軍：中軍四千人，左前、左後、右前、右後四軍各二千六百人，左、右虞候兩軍各二千八百人。左、右各軍及左、右虞候軍都分三個營區，六軍總共有十八個營，中軍自成一個大營。如果沒有敵人威脅的時候，土地平坦寬闊，每兩營之間是留一個營大小的間隔。如果土地狹隘，不能留一個營寬，中軍就駐在中央，六軍各總紮一營環繞中軍周圍，像六片花瓣的樣子。出軍的時候，右虞候軍作前導，它的營紮在中軍營前方右側偏南，左虞候軍殿後，所以它的營紮在中軍營的後方左側偏北，如同一對角一樣，兩虞候軍的位置相對峙，就像十二辰方位中的丑（北北東）和未（南南西）一般。如果左虞候軍作前導，那麼右虞候軍就殿後，其他各軍的次序也就倒過來。左右兩廂在四面紮營，令它們各靠近本軍紮營，以便下達指令，緊急時可以互相支援。如果想放牧馬匹，營地就應狹長設置，務使營地內廣闊，不使營內的通路狹窄。如果兵數較少，可酌量抽調非戰鬥兵力幫忙。如果兵力多少不定，可以依此臨時加減帳幕。（增加的帳幕）離規定的帳幕二十步，排列均勻。如果營地有一邊地形險要，就須作月營：月營的營地成單列排列，面向平坦地形，背倚險要地形，張開兩翼憑靠險地，如同新月的形狀。各營相隔的距離也是以一個營的空距為準。如果逼近敵境，就不能相距一個營的距離。如果有緊急狀況，牲畜就集中在營後安置，其他的隊伍，如同前面所說的原則，在營外離帳幕二十步的地方均勻分佈。

二十四、《通典》卷一五七

諸軍營將發之時，當營跳盪、奇兵、馬軍去營二、三里外，當面布列。戰鋒隊、駐隊各持仗依營四面去擬徹幕處二十步，布列隊伍，一如臨陣法。待營中裝束輜重訖，其步兵、輜重隊二十步引，馬軍去步軍二里外行引。

【語　譯】各軍營將要出發行軍時，該營的跳盪隊、奇兵隊、馬軍隊到營區外二、三里的地方，面對敵人的方向布陣。戰鋒隊、駐隊各拿著武器，順著營區的四面，距離準備撤去營幕處二十步的地方，排列隊伍，就如同戰前佈陣一般。等營中輜重整裝完畢，步兵和輜重隊相距二十步遠，馬軍離步軍二里外前進。

諸軍營將下之時，當營跳盪、奇兵、馬軍並戰鋒隊、駐隊各令嚴備持仗，一準發法。待當營卓幕訖，方可立隊，釋仗，各於本隊下安置。若有警急，隨方禦捍。其馬軍下營訖，取總管進止，其馬合群牧放。

【語譯】各軍將要紮營時，該營跳盪隊、奇兵隊、馬軍及戰鋒隊、駐隊，各令他們嚴密戒備，手持武器，一如出發時的原則。等該營紮營完畢，才可以歸建，收起武器，在本隊下安置。如有緊急情況，隨其所在抵抗。馬軍下營完畢，聽候總管的指示，將馬匹合群放牧。

二十五、《通典》卷一五七

諸晝日有賊犯營，被犯之營即急擊鼓，諸營亦擊鼓相應。應訖，無賊之營即止；唯所犯之營，非賊散，鼓聲不得輒止。諸軍各著衣甲持仗，看大將五方旗所指之方，即是賊來之路，裝束兵馬，出前布陣，諸軍嚴警。如須兵救，一聽大總管進止，不得輒動。

【語譯】凡白晝時有敵人進攻營地，被攻擊的營區立即緊急擊鼓，各營也擊鼓相互呼應。呼應後，沒有被攻擊的營立即停止擊鼓；只有被攻擊的營區，不等到敵人撤退，鼓聲不可以隨便停止。各軍各穿戴盔甲持武器，注意大將五方旗所指的方位，就是敵人來犯的地方，整頓軍隊，到前面佈陣，各軍嚴密戒備。如果必須派兵救援，完全聽從大總管的指示，不可擅自行動。

諸夜有賊犯軍營，被犯之營擊鼓傳警，一如晝日，非賊去不得輒止。仍須盡力禦捍，百方防備。諸軍擊鼓傳警訖，鼓音即止，各自防備，不得輒動。被犯之營，賊侵逼急，即令告中軍，大總管自將兵救；餘軍各準常法，於營前後出隊布陣，以聽進止。

【語譯】凡是夜間有敵人來偷襲軍營，被襲的營區擊鼓示警，一如白晝的方式，除非敵人撤退不得擅自停止。仍然應盡力防禦，用各種方法防範敵人的攻擊。各軍擊鼓示警完畢，鼓音就停止，各自防備敵人，不可擅自行動。被偷襲的營區，如遇敵人攻擊猛烈，就報告中軍，大總管親自率兵相救，其他各軍按照平常的規定，在營區前後排列隊形佈陣，聽候命令。

諸狂賊夜來犯，被犯之營但擊鼓拒戰，不得叫喚。諸營擊鼓傳警訖，鼓音即止，當頭著衣甲防備。被犯之營既鼓聲不止，大總管自將兵救。

先與諸將平章，兵士或隨身將胡桃鈴為標記，不然打鼓從內向外，以相救助。其被犯之營，聞鼓鐸之聲，即知大總管兵至。其軍內節度，大總管臨時改變處分，每晨朝即共諸軍將論一日事，至暮即共論一夜事。若先為久長定法，則恐有漏洩，狂賊萬一得知，翻輪機便。

【語譯】如果敵人分兵多起大張聲勢夜襲，被襲的營區只可擊鼓及防禦作戰，不可以喊叫。各營區擊鼓示警完畢，鼓音就停止，穿戴妥當盔甲防備。被攻擊的營區如果鼓聲不停，大總管就親自率兵相救。先和各將領商量妥當，兵士或是隨身攜帶胡桃鈴作標記，不然就打鼓從中心向外前去，搭救被攻的營區。被襲的營區，聽到鼓鐸的聲音，就知道是大總管的援軍到了。在軍隊內的調度，大總管可臨時變通處理，每天早晨就和各將領討論當天的事，到傍晚就討論當晚的事。如果先約定長期的做法，就有洩漏的危險，萬一讓敵人知道，反而是失去一切先機。

二十六、《通典》卷一五七

諸且以二萬人軍，用一萬四千人戰，計二百八十隊。有賊，將出戰布陣，先從右虞候軍引出，即次右軍，即次前軍，即次中軍，即次後軍，即次左軍，即次左虞候軍。除馬軍八十隊，其步軍有二百隊。其中軍三十六隊，左右虞候兩軍各二十八隊，共五十六隊，其左右廂四軍各二十七隊，共一百（零八）隊。須先造大隊，以三隊合為一隊，慮防賊徒併兵衝突。其隊居當軍中心，安置使均。其大隊一十五隊，中軍三隊，餘六軍各二隊。通十五大隊，合有一百七十隊，為戰、駐等隊。隊別通隊，及街閒空處，據地二十步；十隊當二百步，以八十五隊為戰隊，據地計一千七百步。其八十五隊為駐隊，塞空處。其馬軍，各在當戰隊後，駐軍左右，下馬立。布戰訖，鼓音發，其弩手去賊一百五十步即發箭，弓手去賊六十步即發箭。若賊至二十步內，即射手、弩手俱捨弓弩，令駐隊人收。其弓弩手先絡膊，將刀棒自隨，即與戰鋒隊齊入奮擊。其馬軍、跳盪、奇兵亦不得輒動。若步兵被賊蹙迴，其跳盪、奇兵、馬軍即迎前騰擊，步兵即須卻迴，整頓援前。若跳盪及奇兵、馬軍被賊排退，戰鋒等隊即須齊進奮擊。其賊卻退，奇兵及馬軍亦不得遠趁，審知賊驚怖散亂，然後可乘馬追趁。其駐隊不得輒動。前卻打賊，退敗收軍，舉槍卷幡，一依教法。如營不牢固，無險可恃，即軍別量抽一兩隊充駐隊，使堅營壘。如其輜重牢固，不要防守，駐隊亦須出戰也。

【語譯】各軍以二萬人成軍，用一萬四千人作戰，共二百八十隊。遭遇敵人時，即將出戰佈陣勢，先由右虞候軍作前導，接著是右軍、前軍、中軍、後軍、左軍，然後是左虞候軍。去掉騎兵八十隊，步兵有二百隊。其中中軍有三十六隊，左右虞候每軍二十八隊，共五十六隊，左右廂的四軍各二十七軍，共一百零八隊。首先必須先編成大隊，以三隊合為一隊，以防敵人集中兵力突破陣勢。這些大隊安排在該軍的戰線中心，分佈均勻。大隊共有十五隊，其中中軍三隊，其他六軍各兩隊。總共編成十五個大隊（由四十五隊編成），連同（未編入大隊的一百五十五個隊）計有一百七十個單位，分為戰隊和駐等隊。每個隊的正面及隊與隊的間隔以二十步計算；十隊當二百步，以八十五隊為戰隊，占地一千七百步。另八十五隊為駐隊，安置在兩戰隊間空隙的後面以填塞空隙。馬軍安排在戰隊之後，駐隊的兩側，下馬列隊。佈戰完畢，鼓音響起，弩手在距離敵人一百五十步的地方放箭，弓手在距離六十步的地方放箭。如果敵人進到二十步範圍內，則射手、弩手都丟下弓弩，由駐隊去撿取。弓弩手事先都絡上肩膀的護甲，隨身帶了刀棒，和戰鋒隊一齊衝入敵陣作戰。馬軍、跳盪、奇兵不可擅自行動。如果步兵被敵人逼回，跳盪、奇兵、馬軍就向前迎敵戰鬥，步兵立即退回，重整隊形，整頓妥當後再度入援。如果跳盪、奇兵、馬軍被敵人逼退，戰鋒等隊就立即齊頭並進攻擊。敵人退兵時，奇兵和馬軍也不可以追擊太遠，確定敵人驚慌陣勢散亂，然後才可以縱馬追擊。駐隊不可擅動。無論是前進、後退、攻敵、退兵、失敗收軍、舉槍捲旗，都按教練的方法做。如果營區的工事不可靠，無險可守，就由每軍另酌量抽一二隊擔任駐隊，以加強營壘的防禦。如果輜重隊已無安全顧慮，不須另行防守，那麼駐隊也必須出戰。

二十七、《通典》卷一五七

諸賊徒恃險固，阻山布陣，不得橫列，兵士分立，宜為豎陣。其陣法：弩手、弓手與戰鋒隊相間引前，兩駐隊兩邊相翊。布列既定，諸軍即聽角聲，其角聲節度一準蒯。看黃旗向賊亞，聞鼓聲發，諸軍弩手、弓手及戰鋒隊，各令人捉馬，一時籠槍，大叫齊入。若弩手、弓手、戰鋒等隊引退，跳盪、奇兵一時齊入，戰鋒等隊排比迴面，還與奇兵同入。如見黃旗卻立不亞及聞金鉦聲，乃止，膊上架槍引還，各於舊處，準前聽角聲，卷幡、簇隊一準前。如便放散，即更聽一會角聲，依軍次發引。

【語譯】如果敵人憑藉險要地形，依山佈陣，我軍無法展開為橫列，兵士分立不成陣勢，那麼就應佈為縱長的隊形。其陣法是：弩手、弓手和戰鋒隊相間隔前進，兩個駐隊分別在兩翼護衛。佈列完成，各部隊就注意角聲，角聲的指令與前面所說的一樣。看到黃旗向敵人方向壓下，鼓聲響起，各軍的弩手、弓手和戰鋒隊，各派人挽住馬匹，同時持槍，吶喊衝鋒。如果弩手、弓手、戰鋒等隊退後，跳盪、奇兵隊同時衝入，戰鋒等隊整頓好隊形後迴過正面，再次與奇兵同時衝入敵陣。如果見到黃旗立起不向敵人方向壓下，並聽到金鉦的聲音，就停止不進，胳膊上架槍回軍，到原來的位置，如同前面的規定聽角聲，捲旗，集中隊伍，一如前面所說的步驟。如果就此收隊，就再聽到一回角聲，依照次序啟程回師。

諸方陣既成，逢賊鬥戰，或打頭，或打尾。打頭，其陣行行不前進，陣既不進，自然牢密；如其打尾，頭行不停，其陣中間多有斷絕，須面別各定總管，都押句當，勿令斷絕。

【語譯】各方陣既然排好，遭遇敵人作戰，敵人可能攻我的陣頭，也可能打陣尾。打陣頭，陣列就停止不前進，陣列不能前進，自然穩固；如果是從陣尾攻擊，陣頭沒有停止前進，中間就會形成許多空隙，必須視當時情況各由總管統一調度，不可讓陣列中斷。

二十八、《通典》卷一五七

諸每隊布立，第一立隊頭，居前引戰；第二立執旗一人，以次立左傔旗在左，次之右傔旗在右，次立其兵，分作五行，傔旗後左右均立。第一行戰鋒七人，次立第二行戰鋒八人，次立第三行戰鋒九人，次立第四行戰鋒十人，次立第五行戰鋒十一人，次立並橫列鼎足，分布為隊。隊副一人撰兵後立，執陌刀，觀兵士不入者便斬。果毅領傔人，又居後立督戰，觀不入便斬。並須先知左肩右膊，行立依次。

【語譯】各隊排列的作戰隊形是，首先是隊頭，在最前面引導作戰；第二是掌旗兵一人，旁邊是左護旗兵在左，右護旗兵在右，再來是本隊的隊兵，分成五行，在護旗兵身後左右展布排列。第一行有戰鋒七人，再來第二行戰鋒八人，再者第三行戰鋒九人，再者第四行戰鋒十人，再後第五行戰鋒十一人，這樣一層層的橫隊交錯排列，像三角鼎足一樣排列成隊。隊伍後有隊副一人持兵器站著，拿長刀監視，有不衝鋒的兵士便立即斬殺。軍府的果毅率領侍從又在後面督戰，看到不衝鋒的便斬。並且應事先讓士兵知道他的左右鄰兵和所屬行列次序。

二十九、《通典》卷一五七

諸每隊戰鋒五十人，重行在戰隊前，布陣立隊訖，聞鼓聲發，戰鋒隊即入，其兩戰隊亦排後即入。若戰隊等隊有人不入，同隊人能斬其首者，賞物五十段。別隊見不入人，能斬其首者，準前賞物。唯駐隊人不得輒動。凡與敵鬥，其跳盪、奇兵、馬軍等隊，即須量抽人下馬當之。隊別量抽捉馬人，先定名字。若臨鬥時，捉馬人有前卻及應捉撩亂失次第，致失鞍馬者，斬。若其賊退，步趁不得過三十步，亦不得即乘馬趁。審知賊退，撩亂驚怖，然可騎馬逐北，仍與諸隊齊進。其折衝、果毅，當鬥之時，雖暫下馬，賊徒敗退以後，即任騎馬檢校騰逐。

【語 譯】每個戰鋒隊五十人，重疊在戰隊前行進，佈陣立隊完畢後，聽到鼓聲響起，戰鋒隊就衝鋒入敵陣，其後面的兩個戰隊也隨其後衝入。如果戰隊等隊有人不衝鋒，同隊的人能夠斬殺他的，賞賜五十疋布。見到別隊的人不衝鋒，能斬殺他的，也比照前例賞賜。不過駐隊的士兵不許擅動。凡是和敵人作戰，跳盪、奇兵、馬軍各隊，就應斟酌抽調人力下馬擔任（捉馬人）。抽調捉馬人，必先排定人選。如果在對鬥時，捉馬人有陣前退卻及應牽好馬匹卻弄亂次序以致失去鞍馬的，處斬。如果敵人退兵，步兵追擊不得追過三十步，也不可以立即騎馬追擊。確定敵人潰敗退兵，隊形散亂，驚惶失措，才可以騎馬追擊，但仍應和各隊齊頭並進。軍府的長官折衝和果毅，在作戰時雖暫時下馬，在敵人敗退以後，就應該騎馬視察情況，奮勇追敵。

三十、《通典》卷一五六

諸兵馬被賊圍遶，抽拔須設方計。一時齊拔，賊即逐背揮戈，因此必敗。其兵共賊相持，事須抽拔者，即須隔一隊，抽一隊。所抽之隊，去舊隊百步以下，遂便立隊，令持戈槍刀棒並弓弩等，張施待賊。張施了，即抽前隊。如賊來逼，所張弓弩等人，便即放箭奮擊。如其賊止不來，其所抽隊，便過向前百步以下，遂便準前立隊，張施弓弩等待賊。

既張施訖，準前抽前隊，隔次立陣，即免被賊奔蹙。其被抽之隊，不得急走，須徐緩而行。如賊相逼，即須迴拒戰。其隊頭、押官押後，副隊頭引前。如有走者，仰押官、隊頭便斬；違失節度者，斬全隊。

【語　譯】如果軍隊被敵人包圍，撤軍必須籌策方法。同時撤退，敵人就隨後砍殺，這樣做的話必敗無疑。凡是和敵人相持不下，勢必要撤退時，就須每隔一隊，抽撤一隊。所抽撤的隊，在離原隊位置百步後，便擺好陣形，命令兵士持戈槍刀棒及弓弩等武器，準備妥當等待敵人。準備妥當後就抽撤前面的隊伍。如果敵人追來，拉滿弦的弓弩就立刻放箭攻敵。如果敵人沒有追來，第二輪抽撤的隊就再過百步後，按照前面的原則準備弓弩等待應敵。準備妥當後，照前述的方法再抽撤前隊，隔百步外排好陣勢，這樣就可以避免被敵人急追所困窘。被抽撤的隊伍不可以快步奔跑，必須慢步穩穩而走。如果敵人逼進，就必須回頭抵抗戰鬥。各隊隊頭、押官在隊伍後面監督，副隊頭在前面引導。如果有奔逃的，務望押官、隊頭立即將他處死；如果有違度指揮的，全隊處死。

貳•《舊唐書•李靖本傳》

李靖本名藥師，雍州三原人也。祖崇義，後魏殷州刺史、永康公。父詮，隋趙郡守。靖姿貌瓌偉，少有文武材略，每謂所親曰：「大丈夫若遇主逢時，必當立功立事，以取富貴。」其舅韓擒虎號為名將，每與論兵，未嘗不稱善，撫之曰：「可與論孫、吳之術者，惟斯人矣。」初仕隋為長安縣功曹，後歷駕部員外郎。左僕射楊素、吏部尚書牛弘皆善之。素嘗拊其牀謂靖曰：「卿終當坐此。」

【語譯】李靖本名李藥師，雍州三原人。其祖父李崇義，為後魏殷州刺史、永康公。父親李詮，為隋朝趙郡郡守。李靖身貌魁偉雄異，少年時即有文才武略，常常對自己所親近的人說：「大丈夫如果遇到明主而生當其時，就一定要建功立業，以博取富貴。」他的舅舅韓擒虎號稱名將，每次和他議論兵法，沒有不稱道他好的，曾撫摩著他說：「可以與之討論孫、吳用兵之道的，只有這個人了。」李靖最初入仕隋朝為長安縣功曹，後來又做過駕部員外郎。左僕射楊素、吏部尚書牛弘都很欣賞他。楊素曾拍著自己的床位對李靖說：「你終有一天會坐在這個位置上。」

大業末，累除馬邑郡丞。會高祖擊突厥於塞外，靖察高祖，知有四方之志，因自鎖上變，將詣江都，至長安，道塞不通而止。高祖克京城，執靖將斬之，靖大呼曰：「公起義兵，本為天下除暴亂，不欲就大事，而以私怨斬壯士乎！」高祖壯其言，太宗又固請，遂捨之。太宗尋召入幕府。

【語　譯】隋大業末年，李靖累升為馬邑郡丞。當時正好唐高祖在塞外打擊突厥，李靖觀察高祖，知道他有奪取天下的志向，於是就倒戈歸順，打算前往江都，到了長安，因道路阻塞不能通行而中止。高祖攻克京城後，抓住了李靖要殺他，李靖大喊道：「明公發起義軍，本是為天下鏟除暴亂，不想去成就大事，卻要因為私怨而斬壯士嗎！」高祖為其壯言所感，唐太宗又堅決替他求情，高祖於是放過了他。不久唐太宗就把他召到了自己的手下。

武德二年，從討王世充，以功授開府。時蕭銑據荊州，遣靖安輯之。輕騎至金州，遇蠻賊數萬，屯聚山谷，廬江王瑗討之，數為所敗。靖與瑗設謀擊之，多所克獲。既至硤州，阻蕭銑，久不得進。高祖怒其遲留，陰敕硤州都督許紹斬之。紹惜其才，為之請命，於是獲免。會開州蠻首冉肇則反，率眾寇夔州，趙郡王孝恭與戰，不利。靖率兵八百，襲破其營，後又要險設伏，臨陣斬肇則，俘獲五千餘人。高祖甚悅，謂公卿曰：「朕聞使功不如使過，李靖果展其效。」因降璽書勞曰：「卿竭誠盡力，功效特彰。遠覽至誠，極以嘉賞，勿憂富貴也。」又手敕靖曰：「既往不咎，舊事吾久忘之矣。」

【語譯】唐高祖武德二年，李靖參加討伐王世充，因功被授予開府。當時蕭銑占據著荊州，於是就派遣李靖去平定他。李靖輕騎到了金州，碰到有蠻人數萬人，屯聚在山谷之中，廬江王瑗去討伐，多次被他們打敗。李靖與王瑗設謀攻擊蠻人，多有勝獲。到了硤州之後，李靖被蕭銑攔阻，好長時間不能夠前進。高祖對他的遲緩滯留十分惱怒，暗中命令硤州都督許紹殺了他。許紹愛惜他的才能，為他請命，於是獲得了赦免。正好開州的蠻人首領冉肇則反叛，率領了手下部眾進犯夔州，趙郡王孝恭與之交戰，不能獲勝。李靖率兵八百，突然進攻，擊破了蠻人的營寨，後來又選擇險地設下埋伏，在陣上斬了冉肇則，俘獲五千餘人。高祖非常高興，對公卿們說：「我聽說使用有功之人不如使用犯有過失的，李靖果然顯示了這種效果。」於是頒下印封的文書慰勞李靖說：「你盡心盡力，功勞特別明顯。我遠遠地也看到了你的至誠之心，很想馬上就嘉獎你，你就不必擔心富貴了。」又手書敕書予李靖道：「以往的過失不追究了，那些舊事我早已經忘記了。」

四年，靖又陳十策以圖蕭銑。高祖從之，授靖行軍總管，兼攝孝恭行軍長史。高祖以孝恭未更戎旅，三軍之任，一以委靖。其年八月，集兵於夔州。銑以時屬秋潦，江水泛漲，三峽路險，必謂靖不能進，遂休兵不設備。九月，靖乃率師而進，將下峽，諸將皆請停兵以待水退，靖曰：「兵貴神速，機不可失。今兵始集，銑尚未知，若乘水漲之勢，倏忽至城下，所謂疾雷不及掩耳，此兵家上策。縱彼知我，倉卒徵兵，無以應敵，此必成擒也。」孝恭從之，進兵至夷陵。銑將文士弘率精兵數萬屯清江，孝恭欲擊之，靖曰：「士弘，銑之健將，士卒驍勇，今新失荊門，盡兵出戰，此是救敗之師，恐不可當也。宜且泊南岸，勿與爭鋒，待其氣衰，然後奮擊，破之必矣。」孝恭不從，留靖守營，率師與賊合戰。孝恭果敗，奔於南岸。賊委舟大掠，人皆負重。靖見其軍亂，縱兵擊破之，獲其舟艦四百餘艘，斬首及溺死將萬人。

【語譯】武德四年，李靖又上言十條謀略以對付蕭銑。高祖聽從了他的主張，授予他為行軍總管，兼代孝恭的行軍長史。高祖因為孝恭沒有經歷過軍旅生涯，就把管理三軍的任務，全部委託給了李靖。這年八月，在夔州集中了部隊。蕭銑因為當時季節正當秋天大水之時，江水泛濫高漲，三峽之地路途艱險，以為李靖一定不可能進兵，就讓部隊休息而不加防備。九月，李靖於是率部前進，將要下三峽時，眾將都請求停止進兵以等待水退，李靖說：「用兵貴在行動神速，戰機不可失去。現今部隊纔剛集結，蕭銑還不知道，如果我們乘江水高漲之勢，突然就到了對方城下，正所謂迅雷不及掩耳，這是兵家用兵之上策。縱然對方知道我們已到了，倉卒之間再徵集部隊，也是無法用來應敵的，我們這就一定能手到擒來。」孝恭接受了他的意見，進兵到了夷陵。蕭銑的部將文士弘率領精兵數萬駐守在清江，孝恭想要進攻，李靖說：「文士弘，是蕭銑手下一位英勇善戰的將領，而且士卒驍勇，如今他們新近丟失了荊門，調動全部兵力出戰，這是屬於力圖挽救敗亡的軍隊，恐怕不可阻擋。我們應當暫且停留在南岸，不要去同他交戰決勝負，等到他們的士氣衰退了，然後奮力進攻，這樣擊破敵軍就必然無疑了。」孝恭不聽從，把李靖留下防守營寨，自己率領部隊與敵軍交戰。結果孝恭果然打了敗仗，逃到了南岸。敵軍放棄了舟船大肆搶掠，人人都不堪重負。李靖見敵人的軍容已亂，發兵擊敗了他們，獲得船艦四百多艘，斬首及淹死敵人近萬人。

孝恭遣靖率輕兵五千為先鋒，至江陵，屯營於城下。士弘既敗，銑甚懼，始徵兵於江南，果不能至。孝恭以大軍繼進，靖又破其驍將楊君茂、鄭文秀，俘甲卒四千餘人，更勒兵圍銑城。明日，銑遣使請降，靖即入據其城，號令嚴肅，軍無私焉。時諸將咸請孝恭云：「銑之將帥與官軍拒戰死者，罪狀既重，請籍沒其家，以賞將士。」靖曰：「王者之師，義存弔伐。百姓既受驅逼，拒戰豈其所願？且犬吠非其主，無容同叛逆之科，此蒯通所以免大戮於漢祖也。今新定荊、郢，宜弘寬大，以慰遠近之心，降而籍之，恐非救焚拯溺之義。但恐自此以南城鎮，各堅守不下，非計之善。」於是遂止。江、漢之域，聞之莫不爭下。以功授上柱國，封永康縣公，賜物二千五百段。詔命檢校荊州刺史，承制拜授。乃度嶺至桂州，遣人分道招撫，其大首領馮盎、李光度、甯真長等皆遣子弟來謁，請承制授其官爵。凡所懷輯九十六州，戶六十餘萬。優詔勞勉，授嶺南道撫慰大使，檢校桂州總管。

【語譯】孝恭派李靖率領輕裝部隊五千人作為先鋒，到了江陵，駐營於城下。文士弘失敗之後，蕭銑非常恐懼，開始在江南徵召兵馬，結果果真不能如願以償。孝恭率領大軍繼續前進，李靖又擊敗蕭銑部下的猛將楊君茂、鄭文秀，俘獲甲士四千餘人，又帶兵圍困了蕭銑所在的城池。第二天，蕭銑派出了使節請求投降，李靖隨即進入占據其城，號令嚴明，軍隊不謀私利。當時眾將都向孝恭請求：「蕭銑手下的將帥中與官兵抗戰已經死了的，他們的罪行已經很嚴重了，我們請求沒收他們的家產，用來獎賞將士。」李靖說：「帝王的軍隊，其道義要求撫慰人民，討伐有罪。百姓受到了驅趕逼迫，抗戰又哪裡是他們所情願的呢？況且狗向不是牠主人的人吠叫，不可以看作和叛逆同科之罪，這就是蒯通之所以免於被漢高祖殺掉的原因。當今我們新近平定了荊、郢二地，應當弘大度量寬宏容人之旨，以安慰遠近各地的人心，投降了卻沒收他們的家產，恐怕不合救民於水火之中的道義。只恐怕自此往南的城鎮，個個都要堅守而不降服了。這不是好謀略。」

於是部隊就沒有那樣做。江、漢之地的城鎮，聽到這情形後沒有不爭著投降的。李靖因功被授予上柱國，封永康縣公，賜予各種物品二千五百件。又詔令其檢校荊州刺史，李靖承旨拜受了官。於是李靖越過五嶺到了桂州，派人分別到各處去招撫，那些大首領馮盎、李光度、甯真長等都派遣自己的兒子兄弟前來晉見，李靖秉承皇帝的旨意分別授予他們官職爵位。一共招來有九十六州，戶口六十餘萬。高祖又頒下詔書嘉獎李靖，表示慰勞鼓勵，授予他為嶺南道撫慰大使，檢校桂州總管。

六年，輔公祏於丹陽反，詔孝恭為元帥、靖為副以討之，李勣、任瓌、張鎮州、黃君漢等七總管並受節度。師次舒州，公祏遣將馮惠亮率舟師三萬屯當塗，陳正通、徐紹宗領步騎二萬屯青林山，仍於梁山連鐵鎖以斷江路，築卻月城，延袤十餘里，與惠亮為犄角之勢。孝恭集諸將會議，皆云：「惠亮、正通並握強兵，為不戰之計，城柵既固，卒不可攻。請直指丹陽，掩其巢穴，丹陽既破，惠亮自降。」孝恭欲從其議。靖曰：「公祏精銳，雖在水陸二軍，然其自統之兵，亦皆勁勇。惠亮等城柵尚不可攻，公祏既保石頭，豈應易拔？若我師至丹陽，留停旬月，進則公祏未平，退則惠亮為患，此便腹背受敵，恐非萬全之計。惠亮、正通皆是百戰餘賊，必不憚於野戰，止為公祏立計，令其持重，但欲不戰以老我師。今若攻其城柵，乃是出其不意，滅賊之機，唯在此舉。」孝恭然之。靖乃率黃君漢等先擊惠亮，苦戰破之，殺傷及溺死者萬餘人，惠亮奔走。靖率輕兵先至丹陽，公祏大懼。先遣偽將左遊仙領兵守會稽以為形援，公祏擁兵東走，以趨遊仙，至吳郡，與惠亮、正通並相次擒獲，江南悉平。於是置東南道行臺，拜靖行臺兵部尚書，賜物千段、奴婢百口、馬百匹。其年，行臺廢，又檢校揚州大都督府長史。丹陽連罹兵寇，百姓凋弊，靖鎮撫之，吳、楚以安。

【語譯】武德六年，輔公祏在丹陽叛亂，高祖詔令孝恭為元帥、李靖為副前往討伐，李勣、任瓌、張鎮州、黃君漢等七總管一併受其節制調度。部隊到了舒州，輔公祏派將領馮惠亮率水軍三萬駐守在當塗，陳正通、徐紹宗率步騎兵二萬駐守於青林山，依舊在梁山連接起鐵鎖鏈以斷絕長江上的通道，築好了月城，連綿十餘里，與馮惠亮構成為掎角之勢。孝恭召集眾將會同議事，眾將都說：「馮惠亮、陳正通都握有強兵，採用了不同我軍交戰的策略，城池柵壘也已經修得很牢固了，急切間是不可能攻破的。請大元帥揮兵直向丹陽，乘其不備襲取敵人的巢穴，丹陽一旦被攻破後，馮惠亮自然也就會投降了。」孝恭想要採納他們的意見。李靖說：「輔公祏的精銳，雖然是在水陸二軍，但他自己統領的部隊，也都是強勁勇猛的。馮惠亮等人的城池柵壘尚且不可能攻破，輔公祏既然憑恃著石頭城，難道卻應該容易被攻拔？如果我軍到了丹陽，停留十天半月，進則輔公祏尚未被消滅，退則馮惠亮又是個憂患，這就會腹背受敵，恐怕不是萬全之計。馮惠亮、陳正通都是經歷千百次戰鬥後幸存下來的賊寇，一定不會害怕在曠野作戰，他們不過是替輔公祏訂立了計謀，讓他穩重固守，只是想要不戰而使我軍疲乏。如今若是進攻輔公祏的城池柵壘，纔是出其不意，殲滅敵人的戰機，只有在此一舉。」孝恭肯定了李靖的意見。李靖於是率領黃君漢等先向馮惠亮進攻，經過苦戰攻破了敵軍，敵軍被殺傷以及淹死者達一萬餘人，馮惠亮則倉惶逃亡。李靖帶領輕裝部隊先到了丹陽，輔公祏大為恐懼。先派遣偽將領左遊仙領兵守會稽以在地形上相聲援，輔公祏自己帶兵東逃，企圖逃到左遊仙處會合，但到了吳郡，和馮惠亮、陳正通都前後被擒獲，江南一帶全被平定。於是朝廷設置了東南道行臺，授李靖為行臺兵部尚書，賜予他各種物品一千件，奴婢一百人，馬一百匹。那一年，行臺撤消，李靖又受命為檢校揚州大都督府長史。丹陽連遭兵寇之禍，民力衰敗，李靖恩威並施，吳、楚之地因而安定無事。

八年，突厥寇太原，以靖為行軍總管，統江淮兵一萬，與張瑾屯太谷。時諸軍不利，靖眾獨全。尋檢校安州大都督。高祖每云：「李靖是蕭銑、輔公祏膏肓，古之名將韓、白、衛、霍，豈能及也！」九年，突厥莫賀咄設寇邊，徵靖為靈州道行軍總管。頡利可汗入涇陽，靖率兵倍道趨豳州，邀賊歸路，既而與虜和親而罷。

【語譯】武德八年，突厥侵犯太原，高祖以李靖為行軍總管，統領江淮軍隊一萬，與張瑾屯兵於太谷。當時各軍都出師不利，李靖的部隊獨得保全。不久李靖受命為檢校安州大都督。高祖時常說道：「李靖是蕭銑、輔公祏的膏肓之疾，古時候的名將韓信、白起、衛青、霍去病，哪裡能比得上他呢！」武德九年，突厥莫賀咄設侵犯邊境，朝廷徵召李靖為靈州道行軍總管。頡利可汗侵入涇陽，李靖率兵兼程而行直奔豳州，阻截敵寇的歸路，不久因朝廷與突厥和親而罷兵。

太宗嗣位，拜刑部尚書，並錄前後功，賜實封四百戶。貞觀二年，以本官兼檢校中書令。三年，轉兵部尚書。突厥諸部離叛，朝廷將圖進取，以靖為代州道行軍總管，率驍騎三千，自馬邑出其不意，直趨惡陽嶺以逼之。頡利可汗不虞於靖，見官軍奄至，於是大懼，相謂曰：「唐兵若不傾國而來，靖豈敢孤軍而至。」一日數驚。靖候知之，潛令間諜離其心腹，其所親康蘇密來降。四年，靖進擊定襄，破之，獲隋齊王暕之子楊正道及煬帝蕭后，送於京師，可汗僅以身遁。以功進封代國公，賜物六百段及名馬、寶器焉。太宗嘗謂曰：「昔李陵提步卒五千，不免身降匈奴，尚得書名竹帛。卿以三千輕騎深入虜庭，克復定襄，威振北狄，古今所未有，足報往年渭水之役。」

【語譯】唐太宗繼承了帝位，授李靖為刑部尚書，併同前後功績，賜予他實際受封四百戶。太宗貞觀二年，李靖以原有的職務兼任檢校中書令。貞觀三年，轉為兵部尚書。突厥各部又分別叛亂了，朝廷將圖謀進取，任命李靖為代州道行軍總管，率領驍騎兵三千，從馬邑出其不意直指惡陽嶺逼近突厥。頡利可汗對李靖未加戒備，見官兵突然就到了，這纔大為恐懼，對手下說：「唐朝軍隊若不是全體出動而來，李靖哪裡敢孤軍深入而到此地呢！」一天之內數次驚恐不安。李靖打聽得這情況，暗中讓間諜離間頡利可汗的心腹，可汗所親近的康蘇密於是前來投降。貞觀四年，李靖進兵攻打定襄，攻破了這個城市，俘虜了隋朝齊王楊暕之子楊正道以及隋煬帝的蕭后，都送到了京城，頡利可汗僅以孤身逃脫。李靖因功進封為代國公，賞賜各種物品六百件及名馬、珍貴的器物等。太宗曾經對李靖說：「過去李陵帶步卒五千，不免身降匈奴，還能夠在史書中記錄有姓名。你以三千輕騎深入敵寇心臟，收復定襄，威振北狄，是古往今來所沒有過的，足以報當年渭水之戰的遺恨了。」

自破定襄後，頡利可汗大懼，退保鐵山，遣使入朝謝罪，請舉國內附。又以靖為定襄道行軍總管，往迎頡利。頡利雖外請朝謁，而潛懷猶豫。其年二月，太宗遣鴻臚卿唐儉、將軍安修仁慰諭，靖揣知其意，謂將軍張公謹曰：「詔使到彼，虜必自寬。遂選精騎一萬，齎二十日糧，引兵自白道襲之。」公謹曰：「詔許其降，行人在彼，未宜討擊。」靖曰：「此兵機也，時不可失，韓信所以破齊也。如唐儉等輩，何足可惜。」督軍疾進，師至陰山，遇其斥候千餘帳，皆俘以隨軍。頡利見使者大悅，不虞官兵至也。靖軍將逼其牙帳十五里，虜始覺。頡利畏威先走，部眾因而潰散。靖斬萬餘級，俘男女十餘萬，殺其妻隋義成公主。頡利乘千里馬將走投吐谷渾，西道行軍總管張寶相擒之以獻。俄而突利可汗來奔，遂復定襄、常安之地，斥土界自陰山北至於大漠。

【語　譯】自李靖攻破定襄之後，頡利可汗大為恐懼，退到了鐵山守衛，派遣使節入朝來謝罪，請求通國歸附。太宗又任命李靖為定襄道行軍總管，前往迎候頡利可汗。頡利可汗雖然表面上請求入朝晉見，而內心裡卻懷著遲疑之心。這年二月，太宗派遣鴻臚卿唐儉、將軍安修仁前去安慰寬解頡利可汗，李靖揣摩到了頡利可汗的心思，對將軍張公瑾說：「天子詔命的使節到那兒後，敵人就一定會自我寬慰了。我們就挑選精銳騎兵一萬，帶上二十天的糧食，然後帶著這支部隊經過白道去偷襲他們。」張公瑾說：「皇帝詔令准許他們歸降，而且使節還在那邊，不應當前去征討攻擊。」李靖說：「這是用兵的最好時機，時不可失，韓信破齊國正是抓住了這一點。像唐儉這一類人，又哪裡值得可惜。」於是督軍疾速前進，部隊到了陰山，碰到頡利可汗的前哨部隊，共住有一千多頂帳篷，把他們都俘虜了隨軍而行。頡利可汗見了唐朝的使者大喜，沒有料到官兵會突然襲來，李靖軍隊的主將逼近到離他的帥營只有十五里了，突厥人纔發覺。頡利可汗害怕唐軍的聲勢先逃走了，其部眾因此而潰敗逃散。李靖斬首敵軍一萬餘人，俘獲男女俘虜十幾萬人，殺死了頡利可汗的妻子隋朝的義成公主。頡利可汗乘坐了一匹千里馬想要奔投吐谷渾，西道行軍總管張寶相抓住了他來進獻。不久突利可汗前來投靠，於是平復了定襄、常安之地，擴大疆界從陰山之北一直到大沙漠。

太宗初聞靖破頡利，大悅，謂侍臣曰：「朕聞主憂臣辱，主辱臣死。往者國家草創，太上皇以百姓之故，稱臣於突厥，朕未嘗不痛心疾首，志滅匈奴，坐不安席，食不甘味。今者暫動偏師，無往不捷，單于款塞，恥其雪乎！」於是大赦天下，酺五日。御史大夫溫彥博害其功，譖靖軍無綱紀，致令虜中奇寶，散於亂兵之手。太宗大加責讓，靖頓首謝。久之，太宗謂曰：「隋將史萬歲破達頭可汗，有功不賞，以罪致戮。朕則不然，當赦公之罪，錄公之勳。」詔加左光祿大夫，賜絹千匹，真食邑通前五百戶。未幾，太宗謂靖曰：「前有人讒公，今朕意已悟，公勿以為懷。」賜絹二千匹，拜尚書右僕射。靖性沈厚，每與時宰參議，恂恂然似不能言。

【語譯】太宗最初聽到李靖大破了頡利可汗，十分欣喜，對隨侍左右的臣子說：「我聽說君主若有憂患臣子會覺得恥辱，君主若受侮辱臣子會憤而去死。過去國家剛建立，太上皇因為老百姓的緣故，對突厥稱臣，對此我沒有一刻不感到痛心疾首，因而立志要消滅匈奴，坐不能夠安於席，食不覺得味甘美。今天只是倉卒出動了一部份軍隊，就無往而不勝，單于服罪歸順，過去我們蒙受的恥辱不是都洗除了嗎！」於是太宗大赦天下，准臣民聚飲五日。御史大夫溫彥博妒忌李靖的功勞，誣陷他軍隊沒有法紀，致使敵寇手中的奇珍異寶，都失散於亂兵之手。於是太宗對李靖大加斥責，李靖叩首謝罪。過了許久，太宗對李靖說：「隋朝的大將史萬歲打敗了達頭可汗，有功無賞，卻因罪遭到了殺戮。我卻不是這樣，要赦免您的過錯，記載您的功勳。」詔令加封李靖為左光祿大夫，賜予絹一千匹，實封采邑連同以前所封的共五百戶。又過了不久，太宗對李靖說：「以前有人說您的壞話，如今我心裡已經明白了，您不要對此耿耿於懷。」賜給他絹二千匹，授尚書右僕射。李靖的性情樸實穩重，每次與當時的執政大臣參議政事時，都心有顧慮的樣子好像不善言語。

八年，詔為畿內道大使，伺察風俗。尋以足疾上表乞骸骨，言甚懇至。太宗遣中書侍郎岑文本謂曰：「朕觀自古以來，身居富貴，能知止足者甚少。不問愚智，莫能自知，才雖不堪，強欲居職，縱有疾病，猶自勉強。公能識達大體，深足可嘉，朕今非直成公雅志，欲以公為一代楷模。」乃下優詔，加授特進，聽在第攝養，賜物千段、尚乘馬兩匹，祿賜、國官府佐並依舊給，患若小瘳，每三兩日至門下、中書平章政事。九年正月，賜靖靈壽杖，助足疾也。

【語譯】貞觀八年，詔命李靖為畿內道大使，觀察民間風尚習俗。不久李靖因為足疾上表請求辭官，言辭甚是懇切周到。太宗派中書侍郎岑文本去對李靖說：「我看自古以來，身居富貴之位，而能懂得知止知足的人非常之少。不問問自己是愚笨還是聰明，沒有人能有自知之明，才能雖然不能勝任，卻一定要占著位子，即便患有疾病，還要勉強支撐。您能夠識大體而通達事理，極其值得表彰，今天我不僅僅是成全您的高尚志趣，我是想要把您作為一代人的楷模。」於是頒下嘉獎的詔書，加封他為特進官號，聽憑他在家調養身體，另外賜予各種物品一千件、皇宮馬廄的良馬兩匹，原有的俸給獎賞、封地上的屬官及其官署中的佐治官吏都照舊享有，病痛如果稍有好轉，可以每隔兩三天到門下省、中書省議決政事。貞觀九年正月，太宗賜李靖靈壽杖，以幫助他克服足疾。

未幾，吐谷渾寇邊，太宗顧謂侍臣曰：「得李靖為帥，豈非善也！」靖乃見房玄齡曰：「靖雖年老，固堪一行。」太宗大悅，即以靖為西海道行軍大總管，統兵部尚書侯君集、刑部尚書任城王道宗、涼州都督李大亮、右衛將軍李道彥、利州刺史高甑生等五總管征之。九年，軍次伏俟城，吐谷渾燒去野草，以餧我師，退保大非川。諸將咸言春草未生，馬已羸瘦，不可赴敵。唯靖決計而進，深入敵境，遂踰積石山。前後戰數十合，殺傷甚眾，大破其國。吐谷渾之眾遂殺其可汗來降，靖又立大寧王慕容順而還。初，利州刺史高甑生為鹽澤道總管，以後軍期，靖薄責之，甑生因有憾於靖。及是，與廣州都督府長史唐奉義告靖謀反。太宗命法官按其事，甑生等竟以誣罔得罪。靖乃闔門自守，杜絕賓客，雖親戚不得妄進。

【語譯】不久，吐谷渾侵犯邊境，太宗看看左右的近臣，說：「如能有李靖為統帥，豈不是很好嗎！」於是李靖去拜會房玄齡說：「李靖我雖然年紀大了，可還是能夠勝任這次出征的。」太宗聞訊大喜，便任命李靖為西海道行軍大總管，統領兵部尚書侯君集、刑部尚書任城王道宗、涼州都督李大亮、右衛將軍李道彥、利州刺史高甑生等五位總管前往征討。貞觀九年，大軍進到了吐谷渾王朝的所在地伏俟城，吐谷渾燒去野草，意圖使我軍馬缺糧，而他們自己則退守到了大非川。眾將都說春草尚未長出來，軍馬已很瘦弱，不可與敵交戰。只有李靖決意進軍，深入敵境，於是越過了積石山。經過前後數十回合的戰鬥，殺傷許多敵人，大破了吐谷渾王國。吐谷渾的國人於是殺了他們的可汗前來請降，李靖又立了大寧王慕容順，然後回國。起初的時候，利州刺史高甑生任鹽澤道總管，因為誤了軍期，李靖輕微地責怪過他，他因此對李靖懷恨在心。到這時，他就和廣州都督府長史唐奉義一起告發李靖謀反。太宗命掌法的官吏去查驗此事，結果高甑生等人最終都因誣蔑陷害而獲罪。李靖於是閉門自守，杜絕賓客來訪，即便是親戚也不能隨意進入。

十一年，改封衛國公，授濮州刺史，仍令代襲，例竟不行。十四年，靖妻卒，有詔墳塋制度依漢衛、霍故事，築闕象突厥內鐵山、吐谷渾內積石山形，以旌殊績。十七年，詔圖畫靖及趙郡王孝恭等二十四人於凌煙閣。十八年，帝幸其第問疾，仍賜絹五百匹，進位衛國公、開府儀同三司。太宗將伐遼東，召靖入閣，賜坐御前，謂曰：「公南平吳會，北清沙漠，西定慕容，唯東有高麗未服，公意如何？」對曰：「臣往者憑藉天威，薄展微效，今殘年朽骨，唯擬此行。陛下若不棄，老臣病期瘳矣。」太宗愍其羸老，不許。二十三年，薨於家，年七十九。冊贈司徒、并州都督，給班劍四十人、羽葆鼓吹，陪葬昭陵，謚曰景武。

【語譯】貞觀十一年，李靖改封為衛國公，授予濮州刺史之職，仍舊讓他世代承襲，然照例最終未能實行。貞觀十四年，李靖的妻子逝世，有詔書其墓葬制度依照漢朝的衛青、霍去病的先例，把墓門雙柱建得像突厥國的鐵山、吐谷渾國的積石山的形狀，以表彰李靖的特殊功績。貞觀十七年，詔令在凌煙閣描畫李靖和趙郡王孝恭等二十四人的圖像。貞觀十八年，皇帝親臨李靖的府第問候疾病，依然賜絹五百匹，加其爵位為衛國公、開府儀同三司。太宗將要討伐遼東，召李靖入內室，在御座前賜坐，對他說：「您南平吳會，北清沙漠，西定慕容，唯有東面的高麗尚未臣服，您意下覺得如何？」李靖回答說：「為臣以往憑藉天子的威德，纔得以略微進獻一點兒功勞，如今雖然已是風燭殘年一副朽骨，還是打算成就此行。陛下如果不嫌棄的話，老臣的病就有希望好了。」太宗憐憫他的病弱衰老，沒有同意。貞觀二十三年，李靖在家中逝世，享年七十九。詔令賜封他為司徒、并州都督，賜予持花劍武士四十人、引葬儀仗，陪葬在昭陵，謚號為「景武」。

子德謇嗣，官至將作少匠。

【語譯】李靖的兒子李德謇繼承其父的事業，官做到將作少匠。

靖弟客師，貞觀中，官至右武衛將軍，以戰功累封丹陽郡公。永徽初，以年老致仕。性好馳獵，四時從禽，無暫止息。有別業在昆明池南，自京城之外，西際灃水，鳥獸皆識之，每出則鳥鵲隨逐而噪，野人謂之「鳥賊」。總章中卒，年九十餘。

【語譯】李靖的弟弟李客師，在貞觀年間，官做到右武衛將軍，因為戰功屢受封賞直至丹陽郡公。永徽初年，因為年老辭官歸居。李客師性格喜好奔馳射獵，一年四季追蹤禽獸蹤跡，沒有片刻的停止。他有別墅在昆明池南面，自京城以外，西到灃水，鳥獸都認得他，每當他外出就有鳥鵲跟隨著追逐鳴叫，老百姓稱之為「鳥賊」。李客師於總章年間逝世，享年九十餘歲。

客師孫令問，玄宗在藩時與令問款狎，及即位，以協贊功累遷至殿中少監。先天中，預誅竇懷貞等功，封宋國公，實封五百戶。令問固辭實封，詔不許。開元中，轉殿中監、左散騎常侍，知尚食事。令問雖特承恩寵，未嘗干預時政，深為物論所稱。然厚於自奉，食饌豐侈，廣畜芻豢，躬臨宰殺。時方奉佛，其篤信之士或譏之，令問曰：「此物畜生，與果菜何異，胡為強生分別，不亦遠於道乎？」略不以恩眄自恃，閒適郊野，從禽自娛。十五年，涼州都督王君㚟奏回紇部落叛，令問坐與連姻，左授撫州別駕，尋卒。

【語　譯】李客師的孫子李令問，唐玄宗在藩國為臨淄王時與他十分親近，待到玄宗即位，就因協同贊助之功屢次遷升直至殿中少監。先天年間，因參預誅除竇懷貞等功勞，封為宋國公，實受封五百戶。李令問堅決不受實封，玄宗詔令不准。開元年中，李令問轉為殿中監、左散騎常侍，主持尚食局事務。李令問雖然特別地承受了皇帝的恩寵，但從未干預當時的政治措施，深為輿論所稱道。然而他對自己的日常生活十分講究，餐飲食物豐盛奢侈，大量畜養豬狗牛羊等家畜，還親臨宰殺現場。當時時尚正信奉佛教，那些虔誠信徒中就有人譏諷他，李令問回答說：「這些東西都是我畜養的禽獸，與果品蔬菜有什麼兩樣，為什麼要勉強把牠們區別開來，不是離『道』很遠了嗎？」平時他一點兒也沒有因聖恩眷顧而有所倚仗，空閒時到近郊野外，追逐禽獸以自樂。開元十五年，涼州都督王君㚟上奏回紇部落叛亂，李令問因與其連姻而獲罪，被貶為撫州別駕，不久就去世了。

大和中，令問孫彥芳任鳳翔府司錄參軍，詣闕進高祖、太宗所賜衛國公靖官告、敕書、手詔等十餘卷，內四卷太宗文皇帝筆迹，文宗寶惜不能釋手。其佩筆尚堪書，金裝木匣，製作精巧。帝並留禁中，令書工模寫本還之，賜芳絹二百匹、衣服、靴、笏以酬之。

【語譯】唐文宗太和年間，李令問的孫子李彥芳任鳳翔府司錄參軍，趕赴皇帝的聖殿進獻唐高祖、唐太宗賜給衛國公李靖的官憑、敕書、手詔等十餘卷，內有四卷是太宗文皇帝手蹟，文宗非常珍惜愛不釋手。其中又有佩筆還可以書寫，筆管上飾有刻金，配以木匣，製作精巧。文宗把這些東西都留在宮中，另外讓書法家摹寫了詔書副本還給李彥芳，同時賜給他絹二百匹、衣服、靴子及笏以示酬謝。

◎新譯六韜讀本

鄔錫非／注譯

姜太公呂望所傳的《六韜》，是中國古代一部著名的兵書。漢初名臣張良、三國孫權、劉備及諸葛亮等人對它都十分推崇，宋神宗時更列為「武經七書」之一。《六韜》在古代被視為是指導戰爭、哺育良將的教材，在軍事理論上有一定的價值。本書原文根據南宋浙刻「武經七書」白文本，校以其他善本，注譯詳明，書後並收錄清孫同元所輯《六韜》佚文，以供讀者參考。

◎新譯尉繚子

張金泉／注譯

《尉繚子》是春秋戰國時期兵書的總結性論著，既對孫子、吳起所代表的先進軍事思想有所繼承和發展，又批判了當時流行的兵陰陽說。書中提出軍事條令共十二篇，為中國最早提出有系統的軍令者。本書導讀為《尉繚子》做了詳盡而系統的介紹，幫助讀者理解其中主要觀點，書後並附有《尉繚子》歷代題評選要，可供讀者深入研究參考之用。

◎新譯孫子讀本

吳仁傑／注譯

《孫子》又名《孫子兵法》，為春秋末期大軍事學家孫武所著，是中外現存最早的軍事理論著作。全書體大思精，內涵豐富，辭如珠玉，它所表達的思想理論，既有輝煌的軍事學術價值，也具有哲學、文學、管理學等多方面的意涵，在中國思想文化史上占有重要的地位。本書依據多種善本詳為校勘、注譯，並附有相關插圖和最新出土的漢簡本《孫子兵法》，允稱最適合今人閱讀之《孫子》讀本。

◎新譯司馬法

王雲路／注譯

司馬穰苴是春秋晚期的齊國名將，以治軍嚴明、精通兵法著稱，成書於戰國中期的《司馬法》即其傳世兵法。因其內容廣博、思想深邃，從問世以來，即受到歷代統治者及兵家學者所重視，被列為「武經七書」之一，影響極為深遠，甚至還流傳到海外如日、法等國，可見其價值與地位。本書根據善本重為校勘、標點、注譯，為現代人提供一詳實、易讀之文本。

國家圖書館出版品預行編目資料

新譯李衛公問對／鄔錫非注譯.——二版三刷.——臺北市：三民，2020
面；　公分.——(古籍今注新譯叢書)

ISBN 978-957-14-2258-9（平裝）
1.李衛公問對－注釋

592.0956

古籍今注新譯叢書
新譯李衛公問對

注譯者	鄔錫非
發行人	劉振強
出版者	三民書局股份有限公司
地址	臺北市復興北路386號(復北門市) 臺北市重慶南路一段61號(重南門市)
電話	(02)25006600
網址	三民網路書店 https://www.sanmin.com.tw
出版日期	初版一刷 1996年1月 二版一刷 2008年3月 二版三刷 2020年1月
書籍編號	S031070
ISBN	978-957-14-2258-9